高等学校艺术设计专业课程改革教材

产品设计手绘表现技法教程

文 健 王 强 章 瑾 编著

清 华 大 学 出 版 社
北京交通大学出版社
·北京·

内 容 简 介

本书内容共分为四章，第一章介绍产品设计手绘表现技法的基本概念、画法步骤和产品设计手绘表现技法工具；第二章介绍产品设计手绘基础练习，主要从线条、透视的练习和结构素描产品的练习两个角度进行分类讲解；第三章介绍产品设计快速表现技法，主要从单色线稿手绘快速表现技法、复色线稿手绘快速表现技法和产品设计与表现三个角度进行分类讲解；第四章是作品展示与欣赏，分为学生作品点评和国内外优秀产品设计手绘作品欣赏，提高读者的审美素养。

本书论述范围广泛，讲解清晰，条理分明，示范步骤直观，训练方法科学有效。可作为高等院校艺术设计和工业产品设计专业的基础教材使用，也可以作为业余爱好者的自学辅导用书。

图书在版编目（CIP）数据

产品设计手绘表现技法教程／文健，王强，章瑾编著. —北京：清华大学出版社；北京交通大学出版社，2011.4（2016.7 重印）
（高等学校艺术设计专业课程改革教材）
ISBN 978-7-5121-0535-5

Ⅰ.①产…　Ⅱ.①文…　②王…　③章…　Ⅲ.①产品-设计-技法（美术）-高等学校-教材　Ⅳ.①TB472

中国版本图书馆 CIP 数据核字（2011）第 048649 号

责任编辑：吴嫦娥
出版发行：清 华 大 学 出 版 社　　邮编：100084　　电话：010-62776969
　　　　　北京交通大学出版社　　邮编：100044　　电话：010-51686414
印 刷 者：北京艺堂印刷有限公司
经　　销：全国新华书店
开　　本：210×285　　印张：12.5　　字数：452 千字
版　　次：2011 年 5 月第 1 版　　2016 年 7 月第 3 次印刷
书　　号：ISBN 978-7-5121-0535-5/TB·27
印　　数：7 001 ～ 8 000 册　　定价：42.00 元

本书如有质量问题，请向北京交通大学出版社质监组反映。对您的意见和批评，我们表示欢迎和感谢。
投诉电话：010-51686043，51686008；传真：010-62225406；E-mail：press@bjtu.edu.cn。

前　言

产品设计是指针对工业产品和日常生活用品进行的设计，它是将设计师所构思的设计计划和规划方案通过线条、材料、造型和色彩等艺术形式表达出来，并最终利用机器或手工制作成产品显现在人们面前的一门艺术设计学科。产品设计手绘表现技法则是通过绘画的手段，形象而直观地描绘产品的造型、色彩、材质和结构特征，并表达设计意图的一种徒手绘画表现形式。“产品设计手绘表现技法”对产品设计专业的学生来说是一门必修课程，它可以提升学生的造型能力和表达能力，将自己的设计构思快速而直观地表现出来，还可以收集和记录一些产品的形态和结构特征，为设计储备素材。

本书内容共分为四章，第一章介绍产品设计手绘表现技法的基本概念、画法步骤和产品设计手绘表现技法工具；第二章介绍产品设计手绘基础练习，主要从线条、透视的练习和结构素描产品的练习两个角度进行分类讲解；第三章介绍产品设计手绘快速表现技法，主要从单色线稿手绘快速表现技法、复色线稿手绘快速表现技巧和产品设计与表现三个角度进行分类讲解；第四章是作品展示与欣赏，分为学生作品点评和国内外优秀产品设计手绘作品欣赏，提高读者的审美素养。

本书论述范围广泛，讲解清晰，条理分明，示范步骤直观，训练方法科学有效。学生如能坚持按照书中的方法训练，在短时间内就可以使自己的产品设计手绘表现水平得到较大提高。本书所收录的大量精美图片资料具备较高的参考和收藏价值，可以提升学生的审美修养。本书可作为高等院校艺术设计和工业产品设计专业的基础教材使用，也可以作为业余爱好者的自学辅导用书。

本书在编写过程中得到了广东白云工商技师学院艺术系和武汉工程大学艺术学院师生的大力支持和帮助。本书的第一章和第四章由王强编写，第二章和第三章由文健编写，章瑾老师及占丽萍、朱小敏、邓锦滔、胡小勇和赵亮等同学提供了部分作品，在此一并感谢。由于编者的学术水平有限，本书可能存在一些不足之处，敬请读者批评指正。

文健

2011年3月

目　录

第一章　产品设计手绘表现技法概述 ………… (1)

第一节　产品设计手绘表现技法的基本概念 ………… (1)
思考题 ………… (17)
第二节　产品设计手绘表现技法的画法步骤 ………… (17)
思考题 ………… (50)
第三节　产品设计手绘表现技法工具 ………… (51)

第二章　产品设计手绘基础练习 ………… (55)

第一节　线条和透视的练习 ………… (55)
思考题 ………… (62)
第二节　结构素描产品的练习 ………… (62)
思考题 ………… (67)

第三章　产品设计手绘快速表现技法 ………… (68)

第一节　单色线稿手绘快速表现技法 ………… (68)
思考题 ………… (82)
第二节　复色线稿手绘快速表现技法 ………… (83)
思考题 ………… (90)
第三节　产品设计与表现 ………… (91)
思考题 ………… (168)

第四章　作品展示与欣赏 ………… (169)

第一节　学生作业点评 ………… (169)
第二节　国内外优秀产品设计手绘作品欣赏 ………… (178)

参考文献 ………… (196)

第一章 产品设计手绘表现技法概述

第一节 产品设计手绘表现技法的基本概念

一、产品设计手绘表现技法的基本概念

产品设计是指针对工业产品和日常生活用品进行的设计，它是将设计师所构思的设计计划和规划方案通过线条、材料、造型和色彩等艺术形式表达出来，并最终利用机器或手工制作成产品显现在人们面前的一门艺术设计学科。产品设计反映着一个时代的经济、技术和文化特征。产品设计的重要性在于，由于产品设计阶段要全面确定整个产品的策略、外观、结构和功能，从而确定整个产品生产系统的布局，因而它是保证产品制作得以顺利实施的前提和基础。如果一个产品的设计缺乏特点和创新，那么生产时将耗费大量的精力来调整和更换设计方案，从而阻碍和制约产品的生产制作。相反，好的产品设计，不仅表现在功能上的优越性，而且便于制造，生产成本低，从而使产品的综合竞争力得以增强。许多在市场竞争中占优势的企业都十分注重产品的前期设计，以便设计出造价低而又具有独特功能的产品。许多发达国家的公司都把产品设计看作热门的设计学科，认为好的产品设计是赢得顾客的关键。

产品设计手绘表现技法是指通过绘画的手段，形象而直观地描绘产品的造型、色彩、材质和结构特征，并表达设计意图的一种徒手绘画的表现形式。它具有很强的艺术表现力和感染力，观赏性较强。产品设计手绘表现技法需要绘制者具备良好的美术基本功和艺术审美能力，以便能将产品的设计构思在短时间内表达出来。手绘的表现方式已经成为产品设计师收集设计素材、传达设计情感、表达设计理念和表述设计方案最直接的“视觉语言”。

二、产品设计手绘表现技法的意义和必要条件

1. 学习产品设计手绘表现技法的意义

产品设计手绘表现技法的主要意义在于可以让产品设计师更加方便、快捷地记录设计语言，表达设计构思，还可以启发产品设计师的灵感，提高设计分析能力和表达水平。手绘作品具有强烈的艺术表现力，展现出设计草图特有的线条美，给人以轻松、自然的视觉效果，符合现代人的审美观念，具有强烈的时代特征。

2. 学习产品设计手绘表现技法的必要条件

1）端正学习态度，勤加练习

产品设计手绘表现技法是一门实践性很强的课程，需要制订科学的训练计划和行之有效的学习方法。首先要有一个良好的心态，避免浮躁情绪，以及好高骛远、急功近利的做法，坚持从点滴做起，一步一个脚印，扎扎实实地去学。其次要制订科学有效的训练计划，并严格按照计划去训练和提高，切不可半途而废。只要经过一段时间程式化的训练，加上坚持不懈的练习，就一定能够绘制出好的产品设计手绘表现作品。

学习产品设计手绘表现技法没有捷径，除了正常的课堂训练以外，可以随身携带一只钢笔、一个速写本，哪怕是随手的涂鸦，也都将有益于手绘的学习。任何知识的学习都是由浅入深，手绘也不例外，需要一个循序渐进的过程。一个正确积极的学习态度，对以后手绘的学习将起有着重要的指导作用。

2）良好的学习环境

一个功能合理、实用舒适的工作环境可以激发绘画灵感和热情。这个环境应该是充满生命力的，它可以是宿舍一角的绿化，也可以是书桌上的一盏创意台灯、几本设计资料或一卷草稿。

3）正确的执笔

绘图工具的正确执握是学习产品设计手绘表现技法的前提。正确的握笔可以让笔尖在纸面上移动自如，达到一种放松的状态，并可以激发自己的创作热情。产品设计手绘握笔方式如图 1-1 所示。

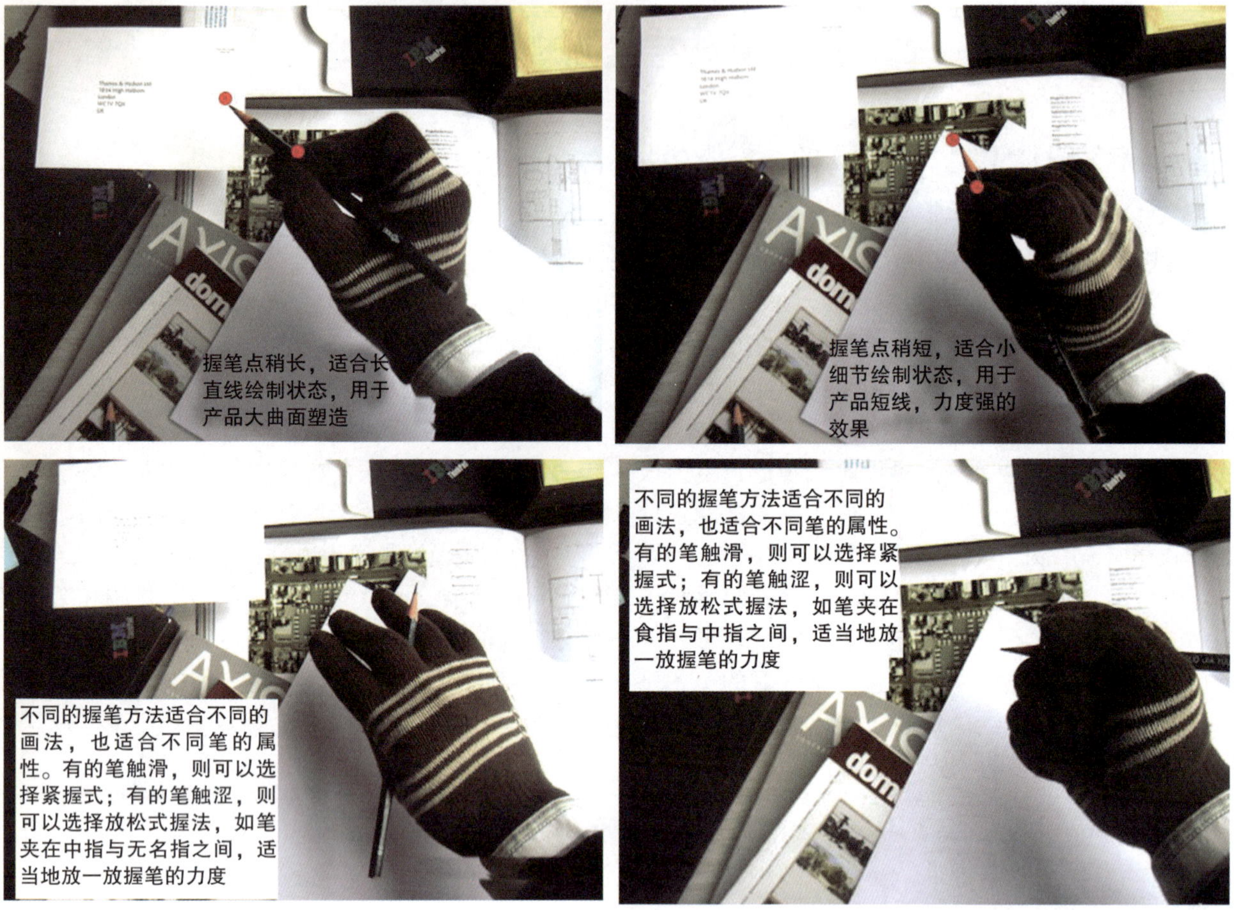

图 1-1　产品设计手绘卧笔方式

4）临摹与创作

产品设计手绘表现技法是艺术设计表现的一个门类，艺术设计表现的训练需要继承前人优秀的设计表现手法和技巧，这样不仅可以在短时间内迅速提高练习者的表现能力，而且可以取长补短、博采众长，最终形成自己独特的表现风格。

临摹优秀的手绘表现作品是学习手绘表现的捷径，对于初学者来说，是一种迅速见效的方法。临摹面对的是经过整理加工的画面，这就有利于初学者直观地获得优秀作品的画面处理技巧，并经过消化和吸收，转化为自己的表现技巧。临摹还有一个好处——可以接触和尝试许多不同风格的作品，这样可以极大地拓展初学者的眼界，丰富初学者的表现手段。因为临摹接触的是优秀作品，这就使得初学者能够站在专业的高度上看清自己的位置和日后的发展方向，这比单纯的技术训练具有更深远的意义。

临摹是能够迅速把技术训练和设计思想结合起来的有效学习手段。手绘表现不仅是技术的训练，也是设计思想的训练。临摹一方面是学习具体的作画技巧，另一方面也在学习作画者的设计理念。一件优秀的手绘表现作品，技术的因素是次要的，重要的在于隐含在技术之中的设计内涵，设计内涵才是优秀手绘表现作品的核心。

临摹分为摹写和临绘两个阶段。在摹写阶段，要求练习者使用透明的硫酸纸拷贝别人的作品，这样可以直观地获取对方的构图、线条和色彩，并培养练习者的绘画感觉。在临绘阶段，要求练习者将所临摹的图片（或作品）置于绘图纸的左上角，先用眼睛观察，再用手绘方式临绘下来，力求做到与原作品相似或相近。这种练习可以培养练习者的观察能力和手绘转化能力。

临摹只是学习手绘表现技巧的一种方法，切不可一味临摹而缺乏自己的风格，在临摹到一定程度时，就要运用临摹中学到的表现手法进行创作，最终将这些表现手法概括归纳，消化吸收，成为自己的表现手法，这样才能绘制出有自己独特个性和风格的作品。

三、近、现代产品设计的发展

近、现代产品设计的发展大致分为以下几个不同发展时期。

1. 近、现代产品设计的启蒙时期——19 世纪末到 20 世纪初的产品设计

对 19 世纪末到 20 世纪初的产品设计产生决定性影响的是德国包豪斯学派。包豪斯是 1919 年由德国著名建筑师、设计理论家格罗皮乌斯创建的一所设计学校，它集中了 19 世纪末到 20 世纪初欧洲各国对于设计的新探索与试验成果，特别是将荷兰风格派运动和俄国构成主义运动的成果加以发展和完善，成为集欧洲现代主义设计运动大成的中心，它把世界近、现代产品设计水平推到了一个空前的高度。

包豪斯学派的兴起有其深刻的历史背景。欧洲工业革命之前的手工工艺生产体系，是以劳动力为基点的；而工业革命后的大工业生产方式则是以机器手段为基点。手工时代的产品，从构思、制作到销售，全都出自艺人（工匠）之手，这些工匠以娴熟的技艺取代或包含了设计，可以说这时没有独立意义上的设计师。工业革命以后，由于社会生产分工，设计与制造相分离，制造与销售相分离，设计因而获得了独立的地位。然而大工业产品的弊端是粗制滥造，产品审美标准失落。究其原因在于技术人员和工厂主一味沉醉于新技术和新材料的运用，他们只关注产品的生产流程、质量、销路和利润，并不顾及产品美学品味；另一个重要的原因也在于艺术家不屑关注平民百姓使用的工业产品。因此，大工业中艺术与技术对峙的矛盾十分突出。

包豪斯的创始人格罗皮乌斯以极其认真的态度致力于美术和工业化社会之间的调和。他力图探索艺术与技术的新统一，并要求设计师“向死的机械产品注入灵魂”。他认为只有最卓越的想法才能证明工业的倍增是正当的。包豪斯的理想，就是要把艺术家从游离于社会的状态中拯救出来。因此，在包豪斯的教学中谋求所有造型艺术间的交流，他把建筑、设计、手工艺、绘画、雕刻等一切都纳入了包豪斯的教育之中。包豪斯是一所综合性的设计学校，其设计课程包括产品设计、平面设计、展览设计、舞台设计、家具设计、室内设计和建筑设计等。

包豪斯教学时间为三年半，学生进校后要进行半年的基础课训练，然后进入车间学习各种实际技能。包豪斯重视机器化带来的革新，试图与工业社会建立广泛的联系，这既是时代的要求，也是生存的必需。包豪斯成立之初，在格罗皮乌斯的支持下，欧洲一些最激进的艺术家来到包豪斯任教，当时流行的表现主义对包豪斯的早期理论产生了重要影响。包豪斯早期的一批基础课教师有俄国人康定斯基、美国人费宁格、瑞士人克利和伊顿等。这些艺术家都与表现主义有很强的联系。表现主义是 20 世纪初出现于德国和奥地利的一种艺术流派，主张艺术的任务在于表现个人的主观感受和体验，鼓吹用艺术来改造世界，用奇特、夸张的形体来表现时代精神，这种理想主义的思想与包豪斯“发现象征世界的形式和创造新的社会”的目标是一致的。

从 1919 年到 1933 年的 14 年中，包豪斯经历了三个不同的发展阶段，即格罗皮乌斯的理想主义和浪漫的乌托邦精神、迈耶的共产主义政治目标，以及密斯·凡德罗的实用主义方向和严谨的工作方法。他们造就了包豪斯的精神内容和丰富的文化特征，对于现代设计教育也有着深远的影响，其教学方式成了世界上许多学校艺术设计教育的基础。包豪斯建立了以观念和解决问题为中心的设计体系。这种设计体系强调对美学、心理学、工程学和材料学进行科学的研究，用科学的方式将艺术分解成基本元素点、线、面及空间、色彩。它寻求的是形态之间的组合关系，使艺术脱离了传统的装饰手段，从而充分运用构成抽象地表现客观世界。包豪斯所创造的作品既是艺术的又是科学的，既是设计的又是实用的，还能够在工厂的流水线上大批量生产制造。包豪斯广泛采用工作室体制进行教育，让学生参与动手的制作过程，完全改变了以往那种只绘图、不动手制作的陈旧教育方式。包豪斯的学生不但要学习设计、造型和材料，

还要学习绘图、构图和制作。学院里还有一系列的生产车间和作坊，如木工车间、砖石车间、钢材车间、陶瓷车间等，以便于学生将自己的设计作品制作出来。包豪斯还主张同企业界、工业界经常联系和接触，使学生有机会将设计成果付诸实现。通过工作之余的讲座、化装舞会等活动，促进了人员之间的亲密交往，开创了现代设计与工业生产相结合的新天地；同时这种将技术与艺术相结合的教学模式，也奠定了现代设计教育的基础。

包豪斯学校的资料及师生作品如图 1–2～图 1–13 所示。

图 1–2 包豪斯的教授们

图 1–3 包豪斯第一任校长格罗皮乌斯设计的包豪斯教学大楼

图 1–4 包豪斯的一堂基础构成课

图 1–5 密斯·凡德罗设计的椅子

图 1-6　密斯·凡德罗设计的范斯沃斯住宅外观

图 1-7　密斯·凡德罗设计的范斯沃斯住宅室内

图 1-8　包豪斯教师克利的作品《花朵盛开》，1929 年，水彩纸，45.7 cm×30.8 cm，伯尔克利基金会藏

图 1-9　包豪斯教师克利的作品《肥沃之土的纪念碑》，1934 年，油彩、画布，瑞士温特图尔美术馆藏

图 1-10　布兰德设计的烟灰缸

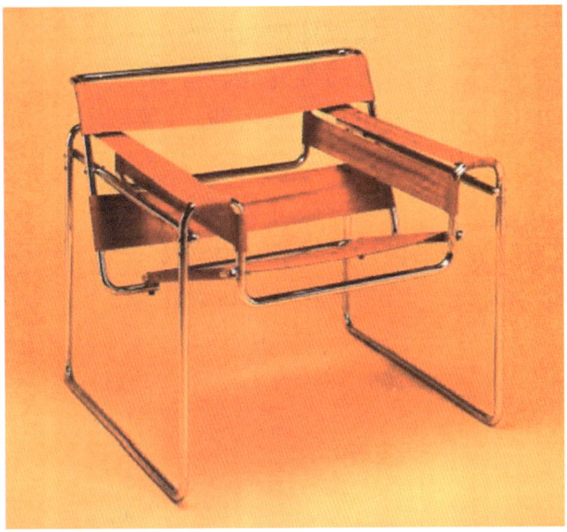

图 1-11　布鲁尔设计的瓦西里椅

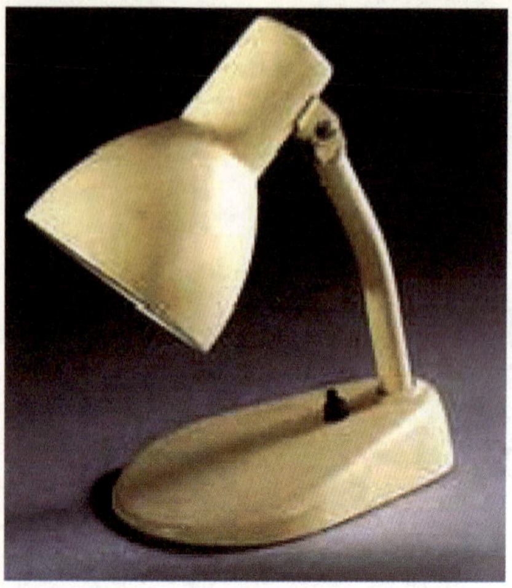
图 1-12　布兰德设计的台灯

图 1-13　密斯·凡德罗设计的巴塞罗那椅

2. 近、现代产品设计的发展时期——20 世纪 30 年代至 50 年代的美国现代主义产品设计

由于第二次世界大战和纳粹德国驱赶等原因，1933 年 7 月包豪斯学校宣告正式解散。学校解散后，包豪斯的成员将包豪斯的思想带到了其他国家，特别是美国。从一定意义上来讲，包豪斯的思想在美国才得以完全实现。格罗皮乌斯于 1937 年到美国哈佛大学任建筑系主任，并组建了协和设计事务所。布劳耶也于同期到达美国，与格罗皮乌斯共同进行建筑创作。密斯·凡德罗 1938 年到美国后任伊利诺工学院建筑系教授。纳吉于 1937 年在芝加哥成立了新包豪斯学校，该校是作为包豪斯的延续而建立起来的，它将一种新的方法引入了美国的创造性教育，新包豪斯后来与伊利诺工学院合并。

正是由于众多的包豪斯大师移民到美国，推动了美国现代设计的发展。美国早在 20 世纪 20 年代就已经是世界上工业化程度最高的国家之一，第二次世界大战及其之后，美国更是成为世界上最强大的经济国家，具有强大的生产力和市场占有率。包豪斯的大师们到美国后发现现代设计和设计教育试验的最佳土壤不是欧洲，而是美国。美国的设计是直接从激烈的商业竞争需要中发展起来的，其最为突出的做法就是将艺术设计职业化，产生了一大批驻厂的专业设计师，如雷蒙·罗维、提格、盖茨、德莱佛斯等。通用汽车公司是最早成立设计部的，总裁斯隆和设计师厄尔提出了汽车设计的新模式，即“有计划的废止制度”，以促进消费。

美国人把外形设计看作销售的必要手段，称为“式样化”。20 世纪 30 年代的消费主义与技术发展促使了“流线型”这一新设计风格的形成。流线型是由物理力学界对流体力学原理的研究引发出来的，这种形状能减少物体在高速运动时的风阻。流线型设计主要应用在体现速度的交通工具（如汽车、火车等产品）的外观上。

美国第一代设计师与欧洲第一代设计师不同。欧洲第一代设计师的背景基本上都是建筑师，同时他们都有着坚实的高等专业教育基础，大部分是建筑专业毕业的，并且有长期的建筑设计经验，如德国的贝伦斯、格罗皮乌斯、密斯·凡德罗，芬兰的阿尔瓦·阿图等。美国第一代设计师的专业背景各异，不少是曾经从事与展示设计有关的行业，或直接从事市场销售工作的人员，而且教育背景也参差不齐，不少人甚至没有正式的高等教育背景。他们的设计对象繁杂，设计缺乏社会因素思考，但长于市场竞争。他们没有什么设计理论和设计哲学，也不像欧洲同行那样有那么多的理论著作，但是他们设计了数量惊人的产品。他们的目的是做设计生意，而不是研究设计的社会功能。

美国现代主义设计的代表雷蒙·罗维出生于法国巴黎，第一次世界大战后移居美国，他是美国工业设计的重要奠基人之一，一生从事工业产品设计、包装设计及平面设计，参与的项目达数千个。从可口可乐的瓶子直到美国宇航局的“空中实验室”计划，从香烟盒到协和式飞机的内舱，所设计的内容极为广泛，代表了第一代美国工业设计师那种无所不为的特点，并取得了惊人的商业效益。

雷蒙·罗维是一个高度商业化的设计家，他宣扬现代设计最重要的不是设计哲学、设计概念，而是设计的经济效益问题，这自然引起了一些设计理论家的批评。对此，雷蒙·罗维不置可否，并做出了进一步的解释：“对我来说，最美丽的曲线是销售上升的曲线”。作为美国第一代的工业设计师，雷蒙·罗维没有任何的学究味，也没有所谓知识分子的理想主义成分，设计的目的仅仅是为了促销，充满了浓厚的实用主义色彩和商业气息。他把设计高度专业化和商业化，使他的设计公司成为 20 世纪世界上最大的设计公司之一。

美国现代主义产品设计作品如图 1-14 ～图 1-21 所示。

1-14	1-15
1-16	1-17

图 1-14　雷蒙·罗维设计的可口可乐瓶
图 1-15　雷蒙·罗维设计的可口可乐零售机
图 1-16　雷蒙·罗维设计的壳派石油标志
图 1-17　雷蒙·罗维设计的 PURMA 专业照相机

图 1-18　提格设计的柯达 135 相机

图 1-19　德莱佛斯设计的电话机

图 1-20　厄尔设计的凯迪拉克流线型汽车（1）

图 1-21　厄尔设计的凯迪拉克流线型汽车（2）

3. 近、现代产品设计的完善时期——20 世纪 60 年代—90 年代的国际主义风格产品设计

第二次世界大战后，现代主义设计向全世界辐射，发展成为国际主义风格。这种风格具有形式简单、反装饰性、强调功能、高度理性化和追求高效率等特点，影响了世界各国的设计，使各国在建筑设计、产品设计和平面设计上形成了较统一的现代主义设计形式。构成艺术在国际主义风格时期得到了广泛应用，达到了顶峰。

美国在建筑设计上延续了包豪斯提倡的现代主义风格的建筑形式，密斯·凡德罗设计的西格拉姆大厦体现出他追求简洁、理性的几何形式的设计理念。德国则保持着一贯的哲理和理性的设计特征，在产品设计上出现了乌尔姆设计学院和布劳恩公司的体系，形成了高度功能主义、高度秩序化和高度功能化的产品设计风格。德国的工业企业一直非常重视产品的设计与研发，德国制造的产品都具有较高的品质。瑞士产生了国际主义平面设计风格，以简单明快的版面编排和无饰线体字体为中心，形成了高度功能化和理性化的平面设计方式。

斯堪的纳维亚国家将传统与现代相融合，在陶瓷设计、家具设计和灯饰设计上取得了举世瞩目的成就，产生了大批设计大师，如芬兰建筑大师阿尔瓦·阿图，丹麦家具设计大师艾洛·阿尼奥、潘东、雅克比松，灯具设计大师汉宁森，瑞典陶瓷设计大师威廉·盖茨等。人们习惯把斯堪的纳维亚国家的设计叫作"北欧设计"，北欧设计强调民主，倡导人与自然间的和谐、朴实之美，讲究现代主义的功能性和人体工程学的运用，将传统与自然形态相结合，常采用原木、皮革等自然材料，注重形式美感和细节，以及产品的舒适性、安全性和方便性，赢得了世界各国的强烈兴趣和普遍赞赏。

日本的工业在第二次世界大战后也得到了飞速的发展，日本自古以来就是一个善于学习和借鉴外国文明精华的国家，公元7世纪到9世纪学习中国文化，并由此创立了自己的文字；明治维新后从德国学习工程技术；第二次世界大战后又从美国学习现代企业管理技术和科学技术。因此，从日本的传统设计中可以看到中国的影响，从日本的现代设计中则可以看到德国、美国、意大利的影响。日本设计的一个突出特点就是实行传统与现代的“双轨制”方针：既发展现代设计又保持民族传统。日本设计总结起来主要有以下一些特征。

① 日本人对佛教禅宗的信仰使得日本的设计俭朴、单纯、自然。

② 日本人重视材料的本质，喜欢不经过掩饰的裸露的材料。

③ 日本设计喜好模数系统，讲究细节和尺寸，崇尚美学的精神含义。

日本在汽车、家用电器、照相机等工业产品的设计上取得了较大成就。

国际主义风格产品设计作品如图1-22～图1-51所示。

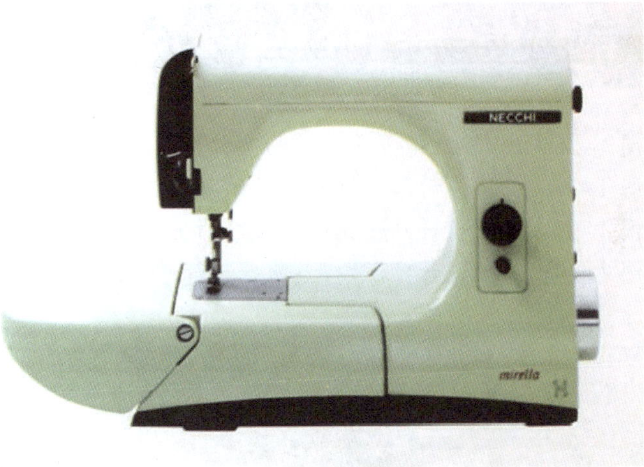

1-22	1-23
1-24	1-25

图1-22　意大利设计师尼佐里设计的“拉克西康80型”打字机

图1-23　意大利设计师尼佐里设计的缝纫机

图1-24　丹麦设计师汉宁森设计的PH灯（1）

图1-25　丹麦设计师汉宁森设计的PH灯（2）

图 1-26　密斯·凡德罗设计的西格拉姆大厦
图 1-27　美国设计师沙里宁设计的郁金香椅
图 1-28　丹麦设计师雅克比松设计的蛋椅和天鹅椅
图 1-29　芬兰设计师阿尔瓦·阿图设计的三足凳和扶手椅

1-26 | 1-27
1-28
1-29

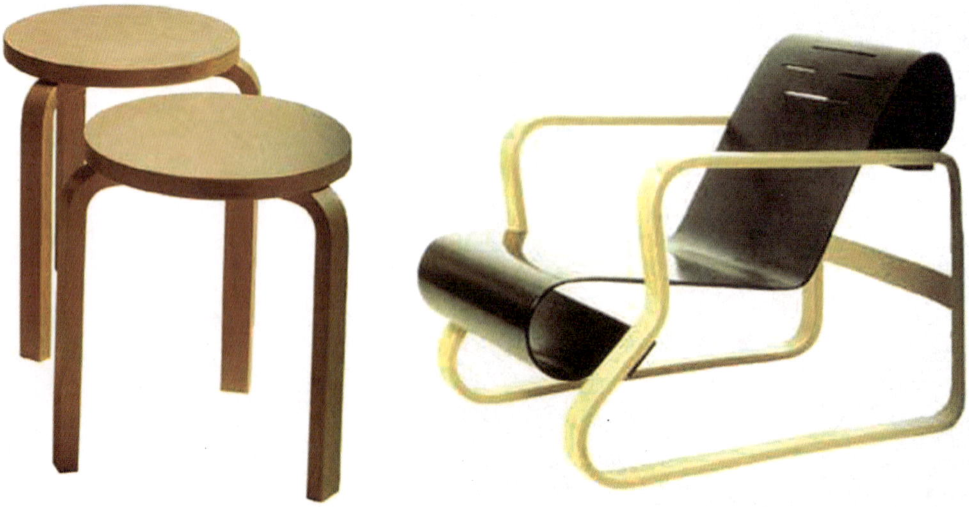

图 1-30　美国设计师伊姆斯设计的“DAX”椅

图 1-31　丹麦设计师雅克比松设计的不锈钢餐具

图 1-32　日本索尼公司设计的 TR 晶体管收音机

图 1-33　丹麦设计师艾洛·阿尼奥设计的球椅

图 1-34　丹麦设计师潘东设计的潘东椅

1-30	
1-31	1-32
1-33	1-34

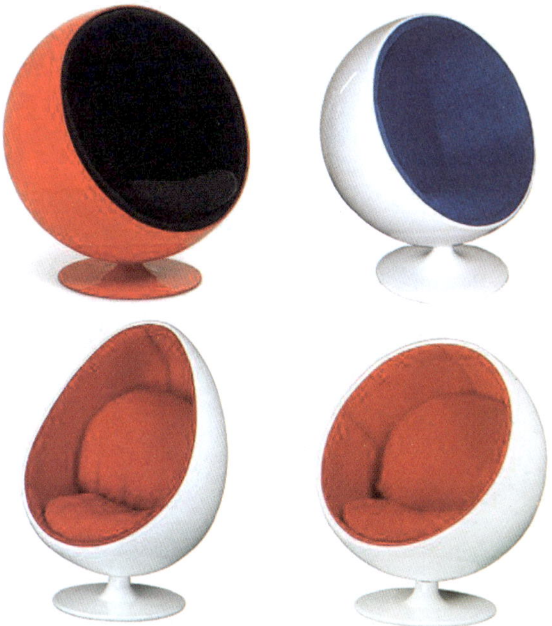

图 1-35　日本三洋公司设计的 CD 机
图 1-36　日本三洋公司设计的录音机
图 1-37　荷兰飞利浦公司设计的收录机
图 1-38　日本索尼公司设计的摄像机
图 1-39　日本松下公司设计的电熨斗

1-35	
1-36	1-37
1-38	1-39

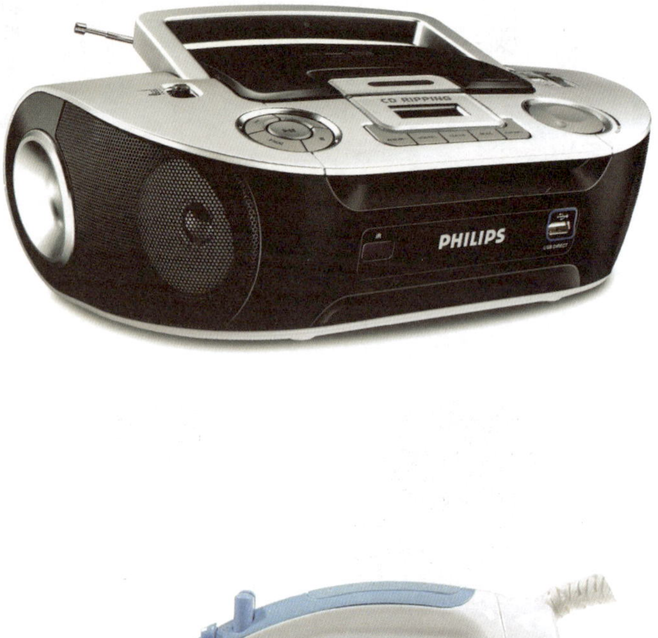

1–40	1–41
1–42	1–43
1–44	1–45

图 1–40　瑞士的劳力士手表
图 1–41　日本的佳能和尼康照相机
图 1–42　荷兰飞利浦公司设计的剃须刀
图 1–43　日本公司设计的电子宠物狗
图 1–44　日本本田公司设计的摩托车
图 1–45　德国制造的保时捷跑车

图 1–46　德国制造的宝马跑车

图 1–47　意大利制造的法拉利跑车

图 1–48　美国设计师格雷夫斯设计的自鸣水壶

图 1–49　德国布劳恩公司设计的打火机

图 1-50　芬兰制造的诺基亚
DP 154-EX 手机

图 1-51　美国设计制造的苹果电脑

4. 近、现代产品设计的创新时期——21 世纪初的绿色、生态环保产品设计

这一时期的代表性风格是绿色设计和生态设计。绿色设计是 20 世纪 80 年代末出现的一股国际设计潮流，反映了设计师对生态环境的关注和责任感。绿色设计要求设计师设计出不破坏生态环境、不含对人体有害的杂质、不污染环境的产品，从而减少或消除对环境的影响，以达到人类与环境的和谐共处。

生态设计是指设计师按照生态原理，设计出符合生态保护要求的产品的设计潮流。它要求从设计到生产过程，以及产品使用后的回收都要有生态保护的观点，将生态保护融入设计中。

绿色、生态环保产品设计作品如图 1-52 和图 1-53 所示。

图 1-52　绿色产品设计作品

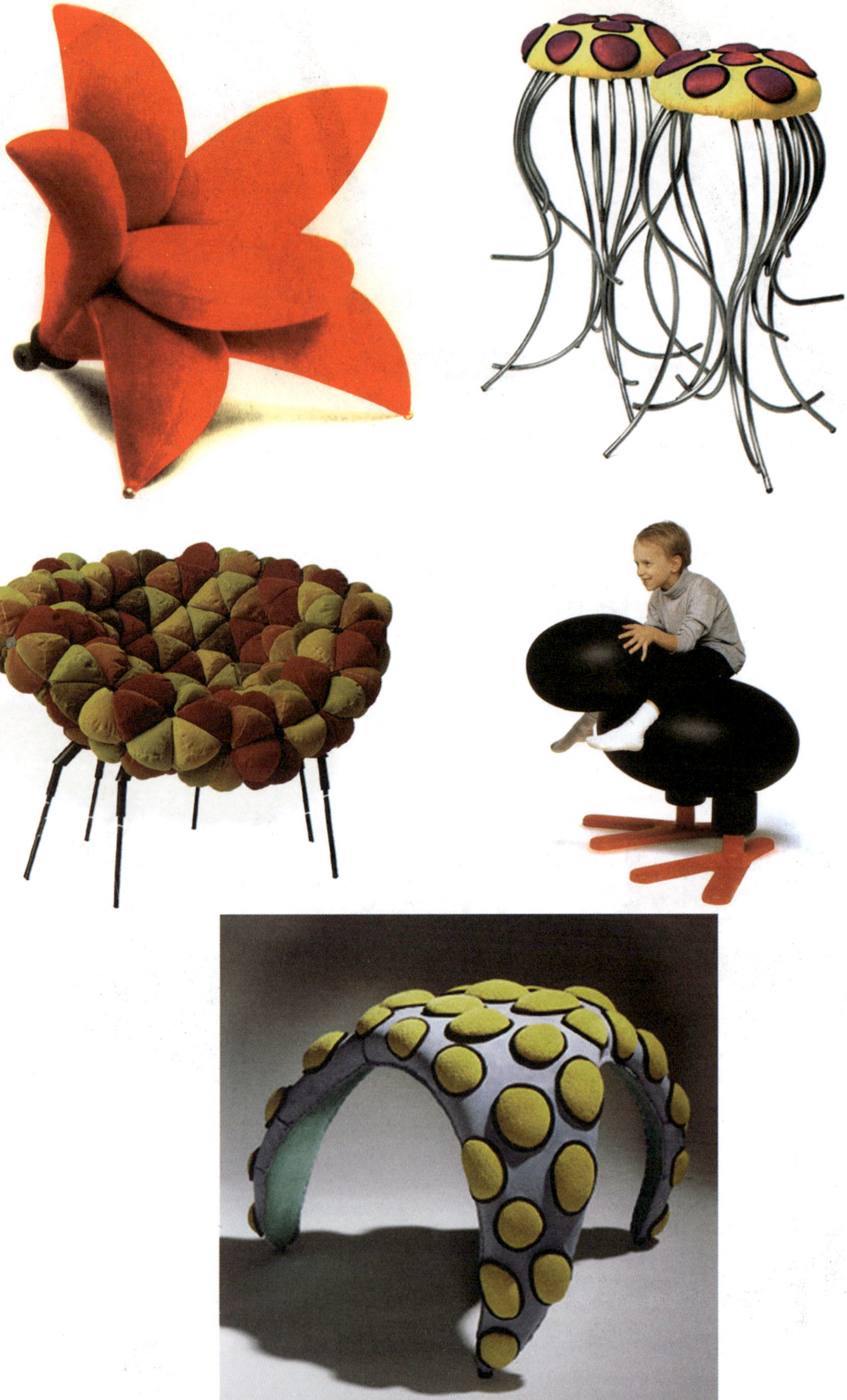

图 1-53　生态产品设计作品

思考题

1. 什么是产品设计？
2. 什么是产品设计手绘表现技法？
3. 包豪斯学派在设计上有什么主张？
4. 斯堪的纳维亚国家的设计有什么特点？

第二节　产品设计手绘表现技法的画法步骤

产品设计手绘表现技法的画法步骤主要分为单体造型设计手绘表现图画法步骤和多图造型方案设计手绘表现图画法步骤。

一、单体造型设计手绘表现图画法步骤

单体造型设计手绘表现图是指单独完成一个产品造型设计的手绘表现图纸。常用于产品设计构思和创意的初始阶段，此阶段产品的具体设计形象尚不固定，还需不断优化和完善。此阶段的手绘表现图通常由一个透视角度完成基本形状的构思和创意，并辅以不同色彩，最终逐步将自己的设计构思和创意概念化、具象化。

1. 电吹风单体造型设计手绘表现图画法步骤

电吹风单体造型设计手绘表现图可以按以下几个步骤来进行。

（1）用铅笔勾画大体轮廓。这一步重点注意基本几何体的透视关系和整体构图，可以抛开产品的细节，着眼于基本形的准确性。如图 1–54 所示。

（2）用钢笔勾墨线。用钢笔在上一步铅笔稿的基础上勾画电吹风的墨线。勾墨线的步骤通常按照从上到下，或从左到右的次序，这样可以避免手掌弄脏画面。如图 1–55 所示。

（3）加入黑色马克笔线条，丰富线型的粗细变化。无论是何种设计制图，粗线、中线和细线的设计制图标准都应该随时牢记；同时再在明暗交界线处加上一些暗部线条，可以使形体更加具有立体感。如图 1–56 所示。

（4）用马克笔给电吹风整体上色。马克笔笔触宽大、硬朗，在整体上色过程中有很强的笔触感和块面感，适合大面积着色。如图 1–57 所示。

（5）用彩色铅笔刻画产品的细节。手绘表现图的生动离不开细节色彩的刻画。彩色铅笔笔触细腻，色彩叠加丰富，过渡自然，适合细节部分的上色，往往可以起到画龙点睛的效果。如图 1–58 所示。

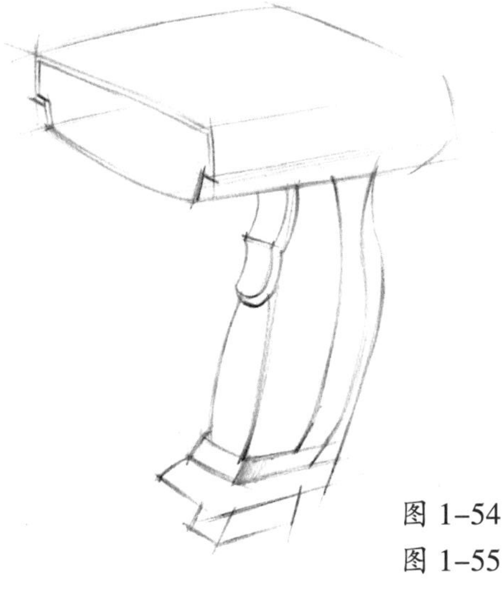

1–54 | 1–55

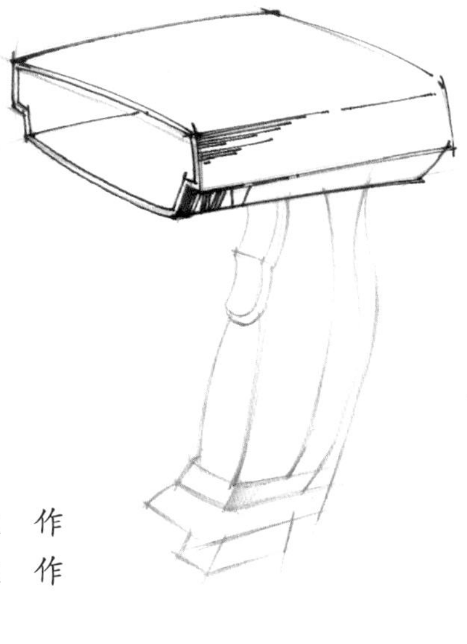

图 1–54　电吹风画法步骤（1）　文健　作

图 1–55　电吹风画法步骤（2）　文健　作

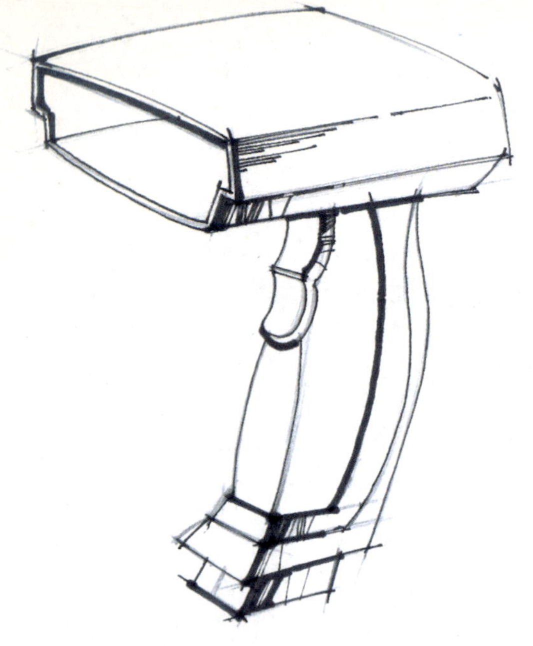

图 1–56　电吹风画法步骤（3）　文健　作

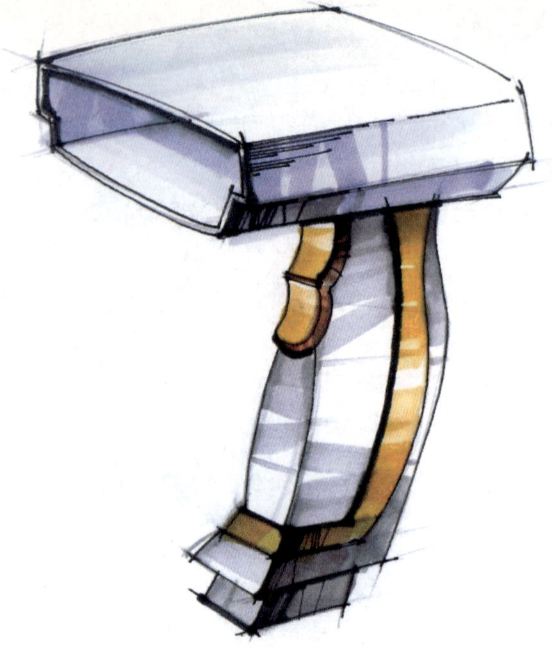

图 1–57　电吹风画法步骤（4）　文健　作

图 1–58　电吹风画法步骤（5）　文健　作

2. 订书机单体造型设计手绘表现图画法步骤

订书机单体造型设计手绘表现图可以按以下几个步骤来进行。

(1) 用铅笔勾画订书机的基本轮廓造型。主要着眼于透视的准确性和确定造型的整体明暗关系。绘制时用笔要轻松、流畅，不要将线条刻画得过于深刻、呆板。如图 1–59 所示。

(2) 用钢笔和黑色马克笔将整体造型的结构墨线勾画清晰，注意线条的粗细、轻重和虚实的变化，尽可能表现出线条的节奏感和韵律感。如图 1–60 所示。

(3) 选用灰色系列的马克笔给订书机的暗部和阴影部分上色，画出整体造型的色彩明暗关系。如图 1–61 所示。

(4) 根据创意思路选用色彩鲜艳、纯度较高的绿色和淡黄色马克笔，将订书机塑料材质部分上色；同时确定此款订书机的主调为绿色调。如图 1–62 所示。

(5) 根据创意思路选用色彩鲜艳度纯度较高的橘红色和淡红色马克笔，将订书机塑料材质部分上色；同时确定此款订书机的主调为橘红色调。如图 1–63 所示。

图 1–59　订书机画法步骤 (1)　　文健　作

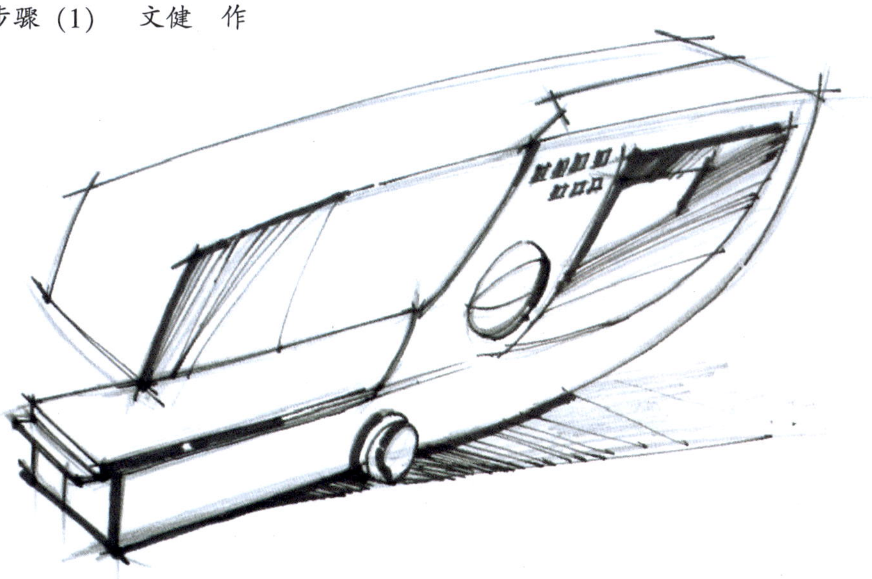

图 1–60　订书机画法步骤 (2)　　文健　作

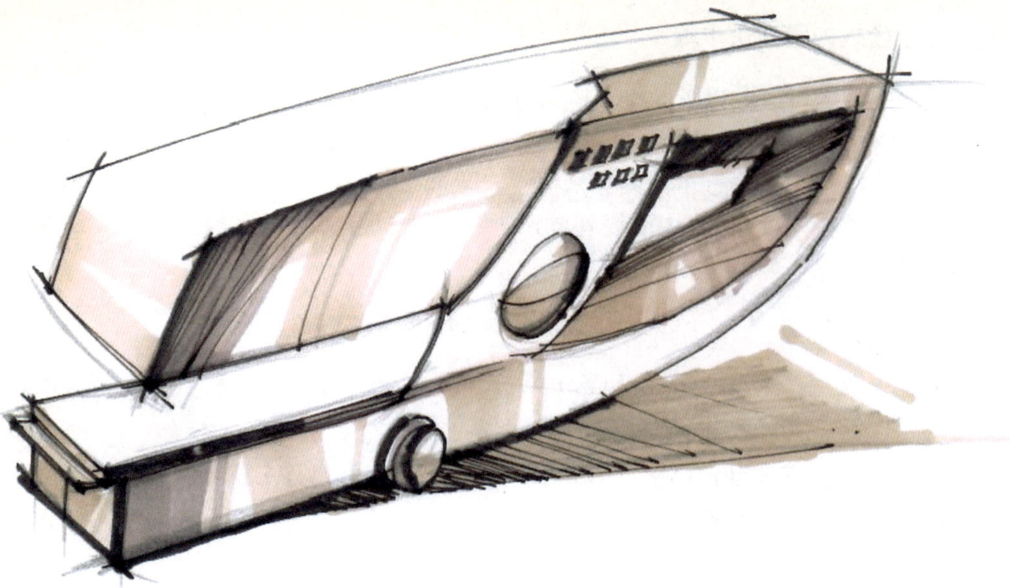

图 1–61 订书机画法步骤（3） 文健 作

图 1–62 订书机画法步骤（4） 文健 作

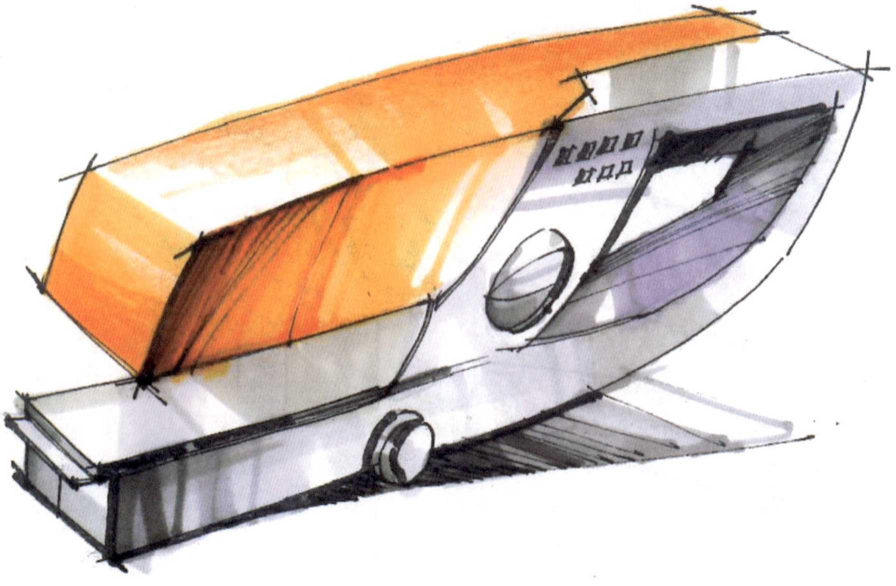

图 1–63 订书机画法步骤（5） 文健 作

3. 机器人单体造型设计手绘表现图画法步骤

机器人单体造型设计手绘表现图可以按以下几个步骤来进行。

（1）用铅笔勾画机器人造型的基本轮廓，注意勾画过程中以整体造型为重点，可适当忽略细节。此步骤只需画准机器人每个结构部分的整体形就够了。如图 1–64 所示。

（2）用深灰色型号的马克笔画机器人每个结构的明暗交界线、暗部和阴影部分，可充分运用马克笔粗细变化的笔触效果表现出形体的立体感和层次感。如图 1–65 所示。

（3）用色粉给整体造型铺大体色，使整个画面色彩均匀；再用钢笔绘制每个细节部分的结构线。此部分以细节刻画为重点，利用尖锐的钢笔笔触可将每个细节尽可能地刻画出来。如图 1–66 所示。

1–64
1–65

图 1–64　机器人画法步骤（1）　王强　作
图 1–65　机器人画法步骤（2）　王强　作

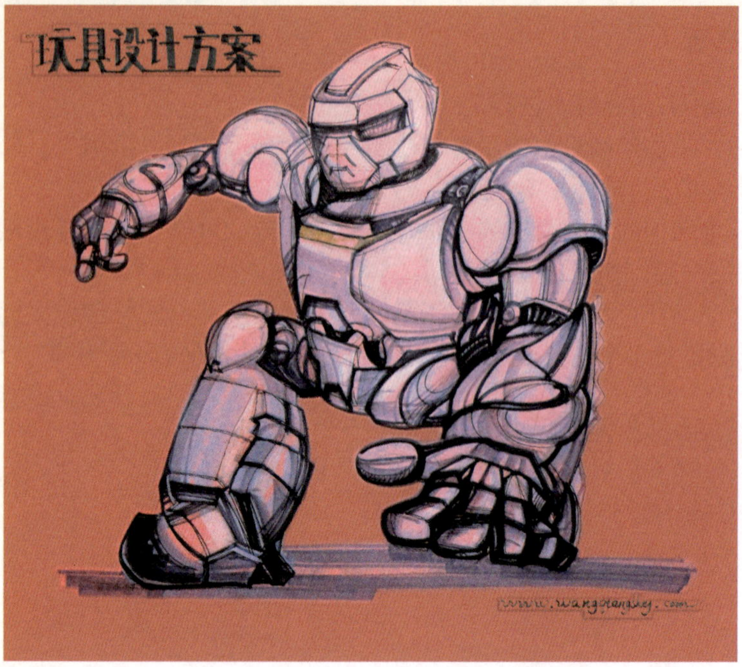

图 1–66　机器人画法步骤（3）
王强　作

4. 其他单体造型设计手绘表现图画法步骤

如图 1–67 ～图 1–73 所示。

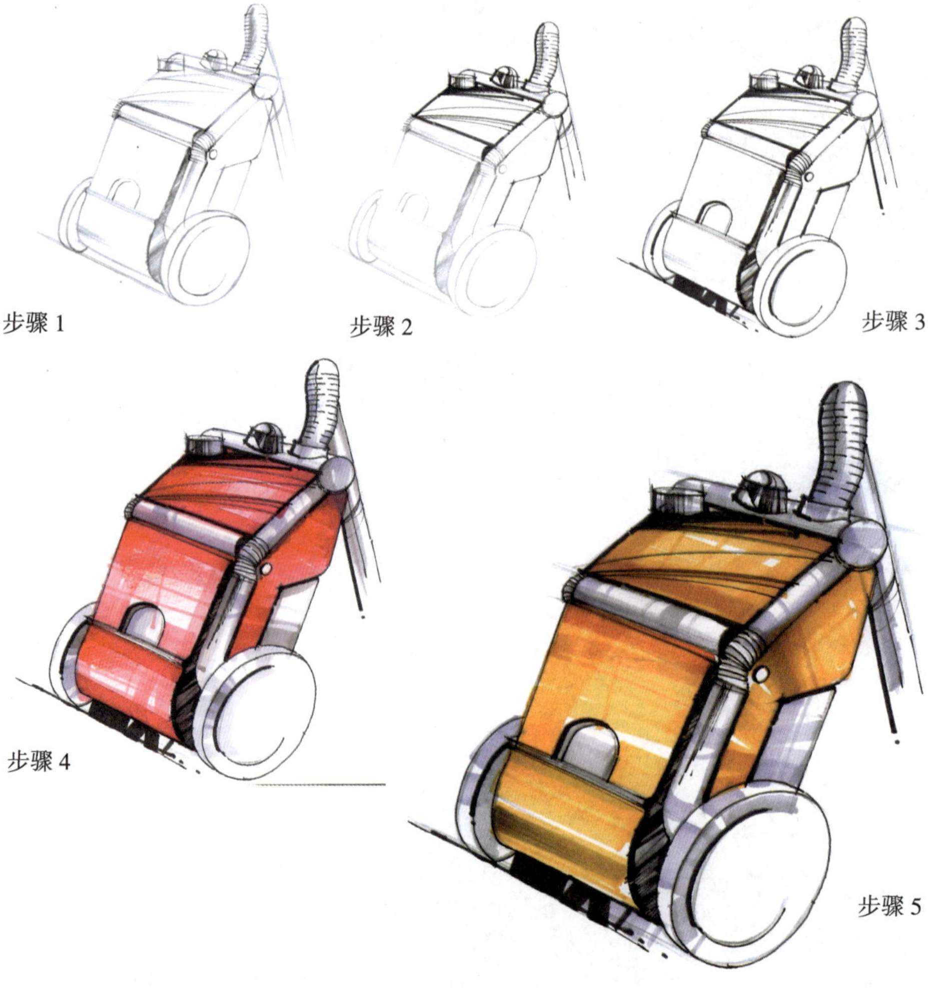

图 1–67　吸尘器单体造型设计手绘表现图画法步骤　文健　作

步骤 1

步骤 2

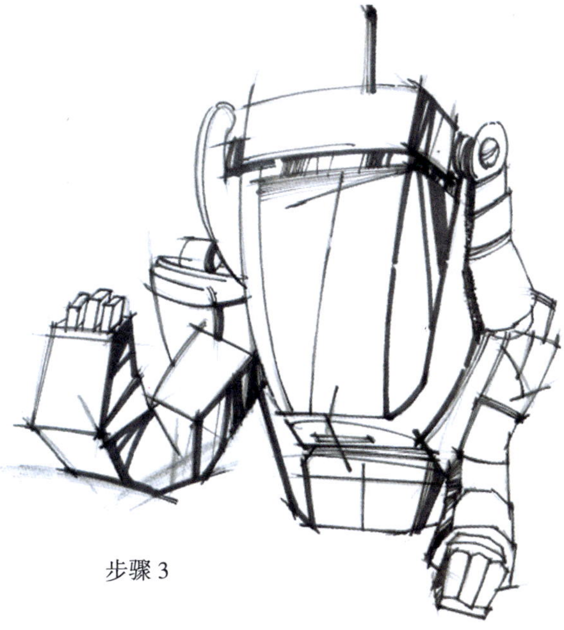

步骤 3

步骤 4

图 1-68　机器手单体造型设计手绘表现图画法步骤　文健　作

步骤 1

步骤 2

步骤 3

图 1-69 汽车单体造型设计手绘表现图画法步骤 王强 作

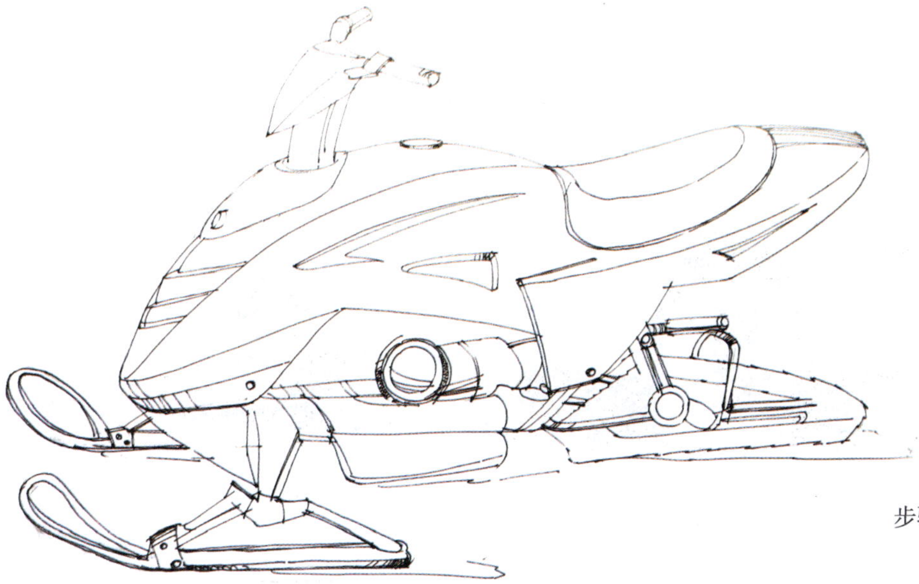

步骤 1

步骤 2

步骤 3

图 1–70　雪地车单体造型设计手绘表现图画法步骤　王强　作

步骤 1

步骤 2

步骤 3

图 1–71　汽车 1 单体造型设计手绘表现图画法步骤　王强　作

步骤 1

步骤 2

步骤 3

图 1–72　汽车 2 单体造型设计手绘表现图画法步骤　王强　作

步骤 1

步骤 2

图 1-73　吸尘器单体造型设计手绘表现图画法步骤　王强　作

二、 多图造型方案设计手绘表现图画法步骤

多图造型方案设计手绘表现图是指将设计构思用多个不同角度的产品设计手绘草稿图表达出来的图纸。这种图纸往往配以设计说明及设计分析，使之成为一个完整的设计方案，是手绘方案设计的终极表现图。通常情况下，产品设计方案如想再继续深入就进入电脑效果图制作阶段了。

1. mp3 多图造型方案设计手绘表现图画法步骤

mp3 多图造型方案设计手绘表现图画法步骤可以按以下几个步骤来进行。

（1）用铅笔勾画设计方案大体轮廓。此步骤重点注意整个画面的构图与布局。每个设计图形在整个画面中的排版定位是这一步骤的关键所在。如图 1–74 所示。

（2）用马克笔给设计造型整体上色。此步骤直接在铅笔稿上用马克笔着色，改变了传统产品手绘表现图先画钢笔线稿再上马克笔色彩的方法，主要是为了表现出整体而协调的色彩感觉。此步骤的关键在于马克笔的笔触运用和形体立体感的表现。如图 1–75 所示。

（3）用钢笔和黑色马克笔给设计造型勾线，强化每个图形的结构和轮廓。通常情况下，图形的外边缘轮廓线用较粗的线条表现，造型的内部结构用较细的线条表现。如图 1–76 所示。

（4）对整体画面色彩进行补充和完善，主要用彩色铅笔给每个造型加入一些细节的环境色、高光色等。暗部一般加入一些深蓝色、深紫色和深褐色等色彩；亮部则加入一些柠檬黄、淡黄和淡紫色；高光处可保留白纸的固有白色，也可以用高光笔画上高光色。如图 1–77 所示。

图 1–74　mp3 多图造型方案设计手绘表现图画法步骤（1）　王强　作

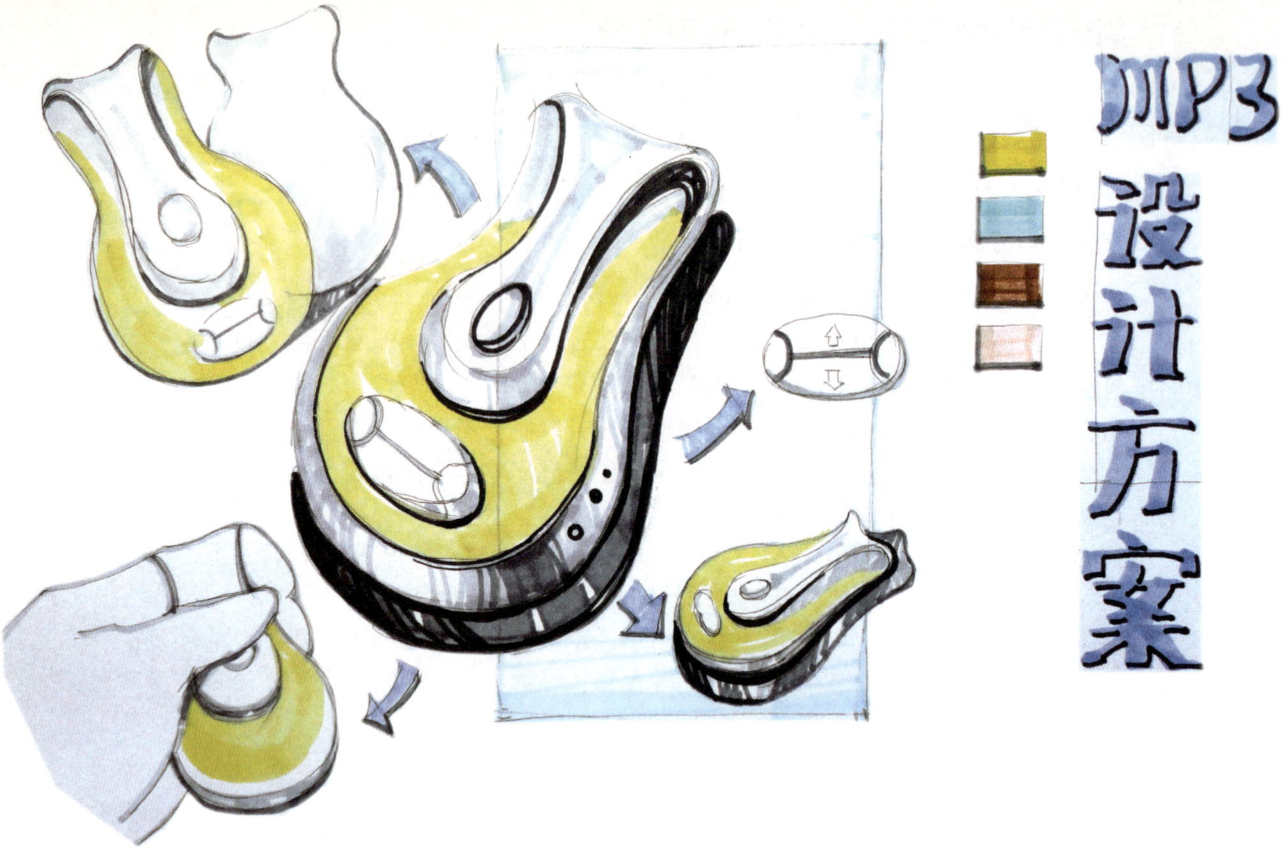

图 1–75　mp3 多图造型方案设计手绘表现图画法步骤（2）　王强　作

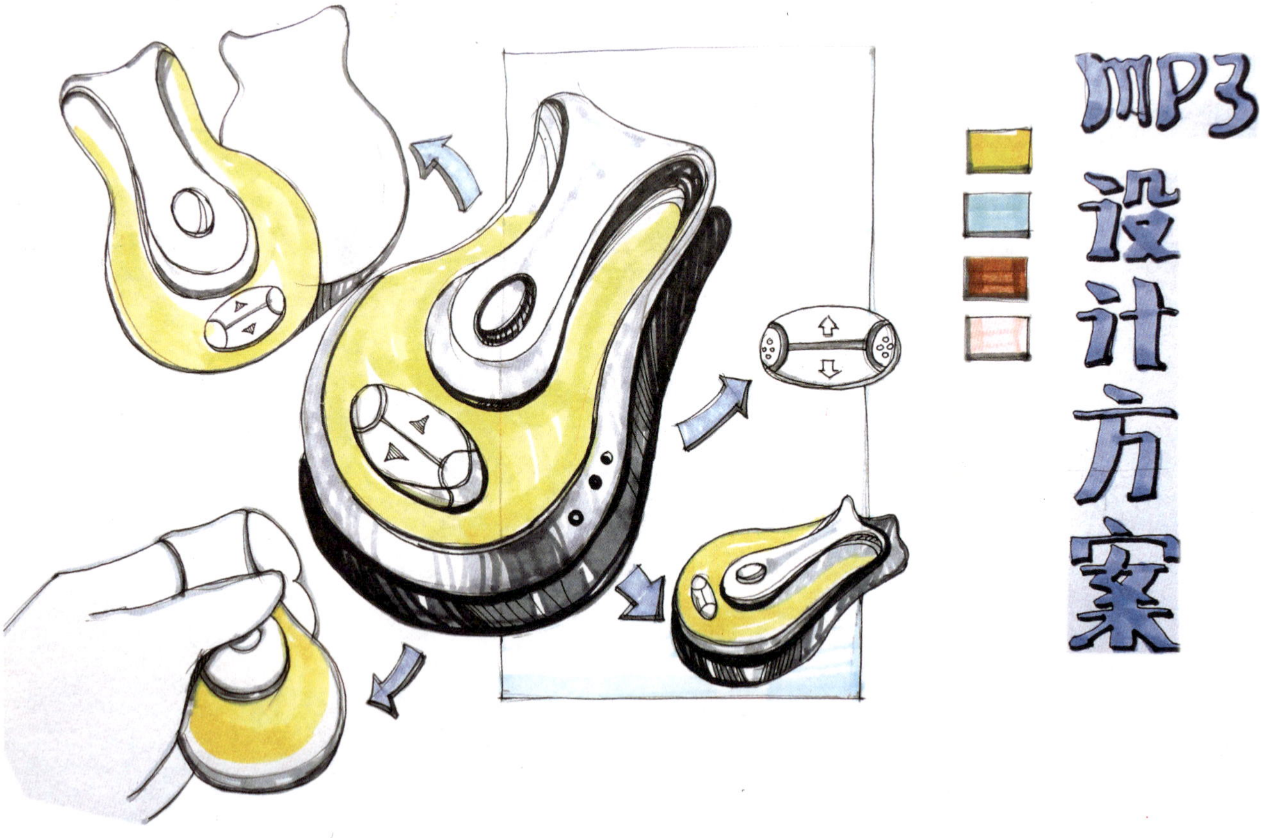

图 1–76　mp3 多图造型方案设计手绘表现图画法步骤（3）　王强　作

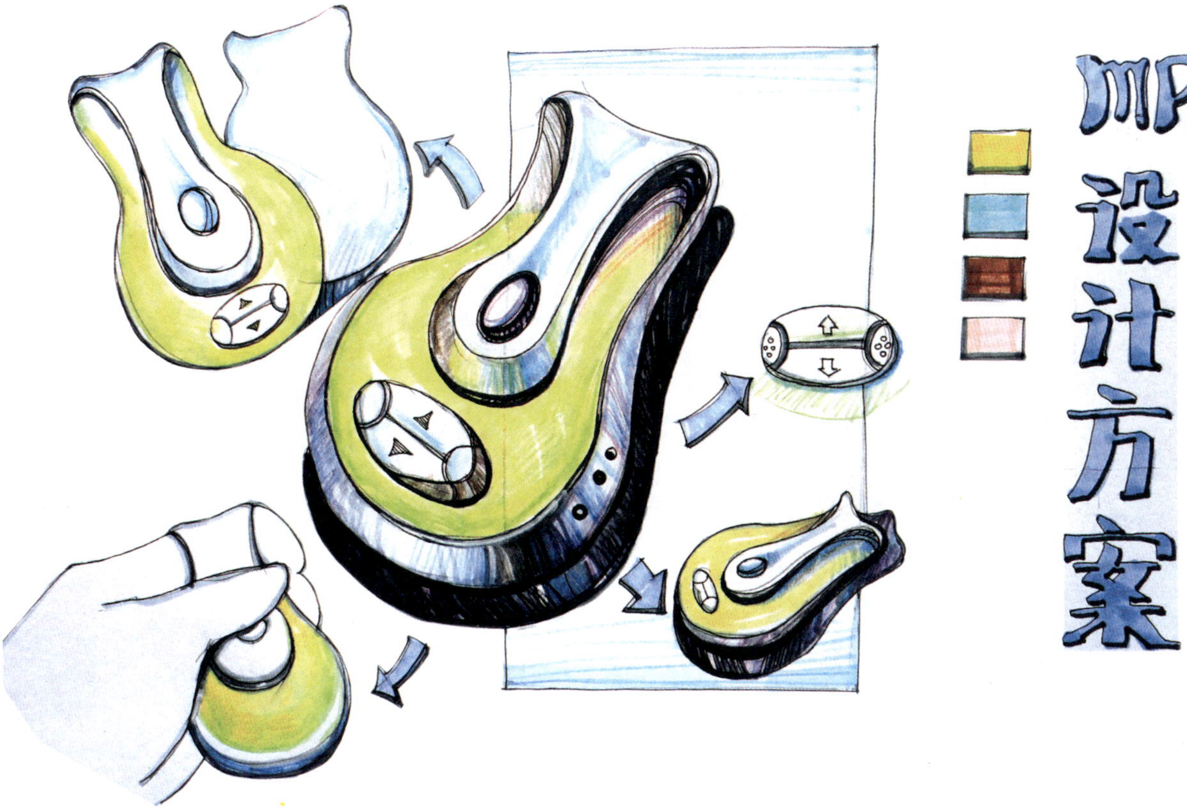

图 1-77　mp3 多图造型方案设计手绘表现图画法步骤（4）　王强　作

2. 电吹风多图造型方案设计手绘表现图画法步骤

电吹风多图造型方案设计手绘表现图画法步骤可以按以下几个步骤来进行。

（1）用铅笔画出设计方案中每个设计造型的大体轮廓。用绘画中速写的表现手法快速地把每个造型的外轮廓勾画出来，画的过程中重点关注整体画面中每个造型的排版定位。如图 1-78 所示。

（2）用马克笔给设计造型整体上色。此步骤色彩选用不宜过多，关键在画出每个造型的明暗素描关系，可多用一些灰色系列的马克笔上色。如图 1-79 所示。

（3）用钢笔、黑色马克笔和黑色彩色铅笔等给设计造型勾线，让每个结构造型更加清晰生动。如图1-80 所示。

（4）用彩色铅笔给电吹风造型的设计细节加上一些环境色。因为这个电吹风造型的设计为浅蓝色，所以在暗部和阴影部分画上一些紫色丰富整个图形色彩变化；而亮部则可画上一些浅蓝色或柠檬黄色。如图 1-81 所示。

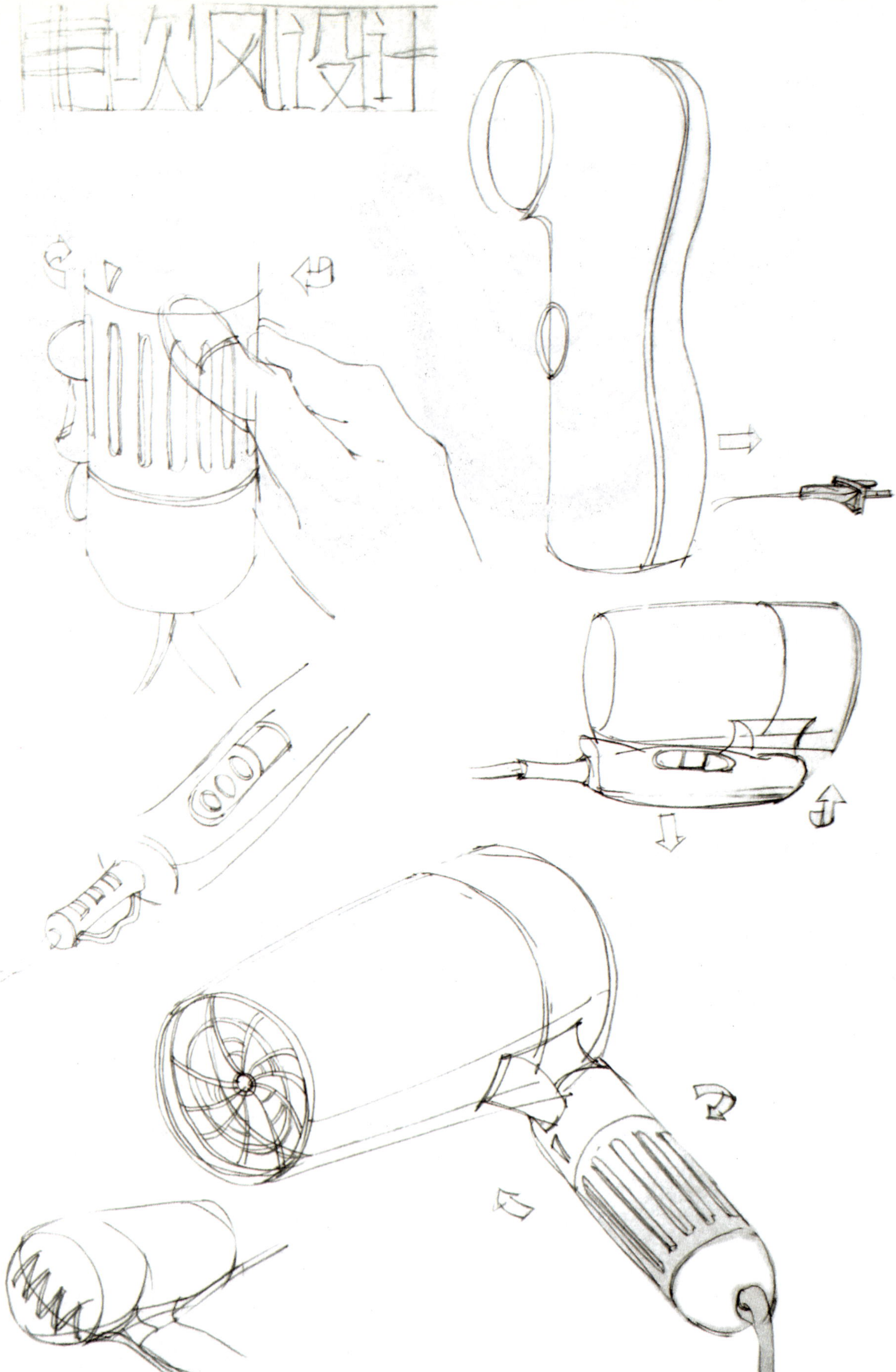

图 1–78　电吹风多图造型方案设计手绘表现图画法步骤（1）　王强　作

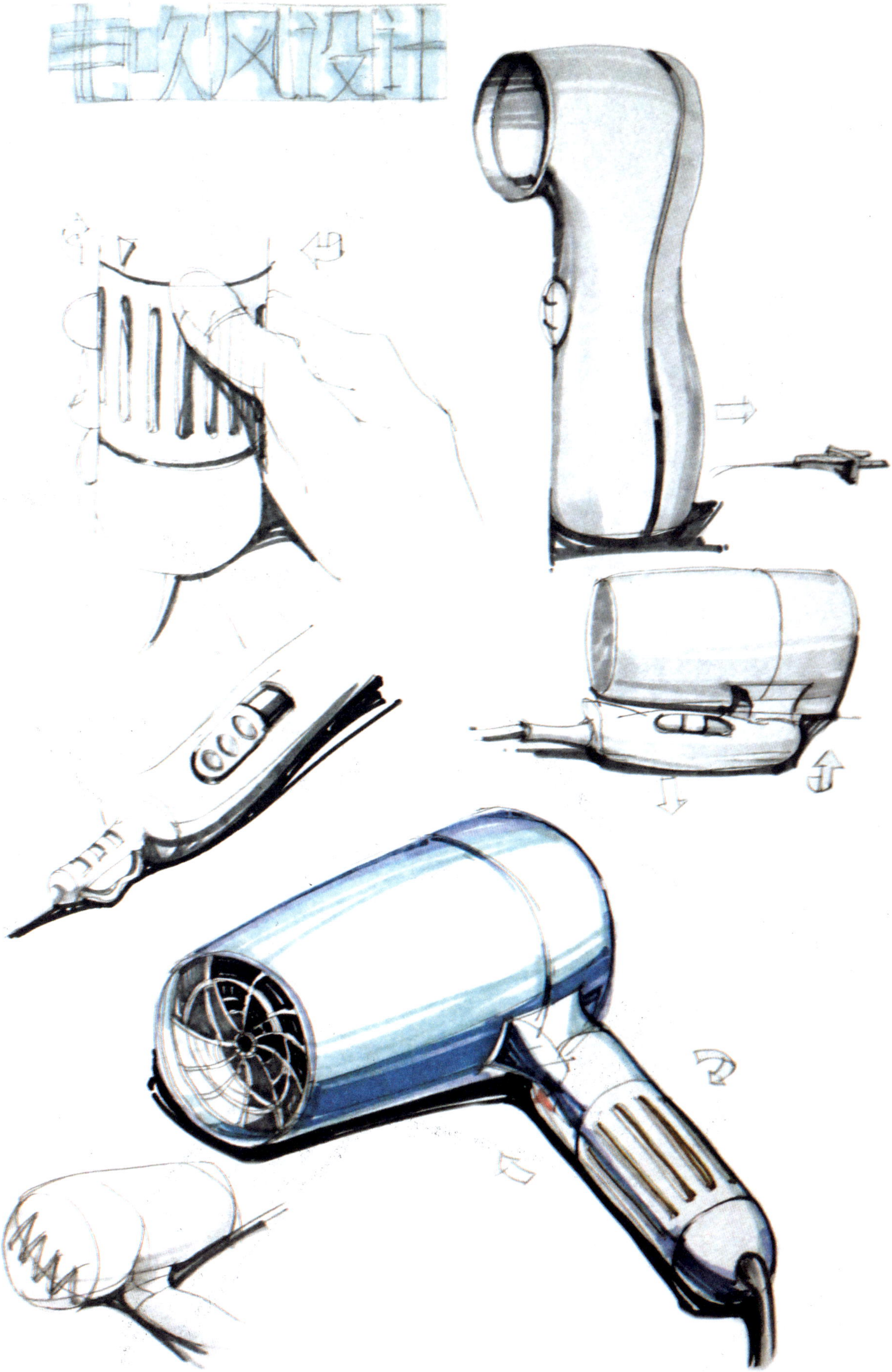

图 1-79 电吹风多图造型方案设计手绘表现图画法步骤（2） 王强 作

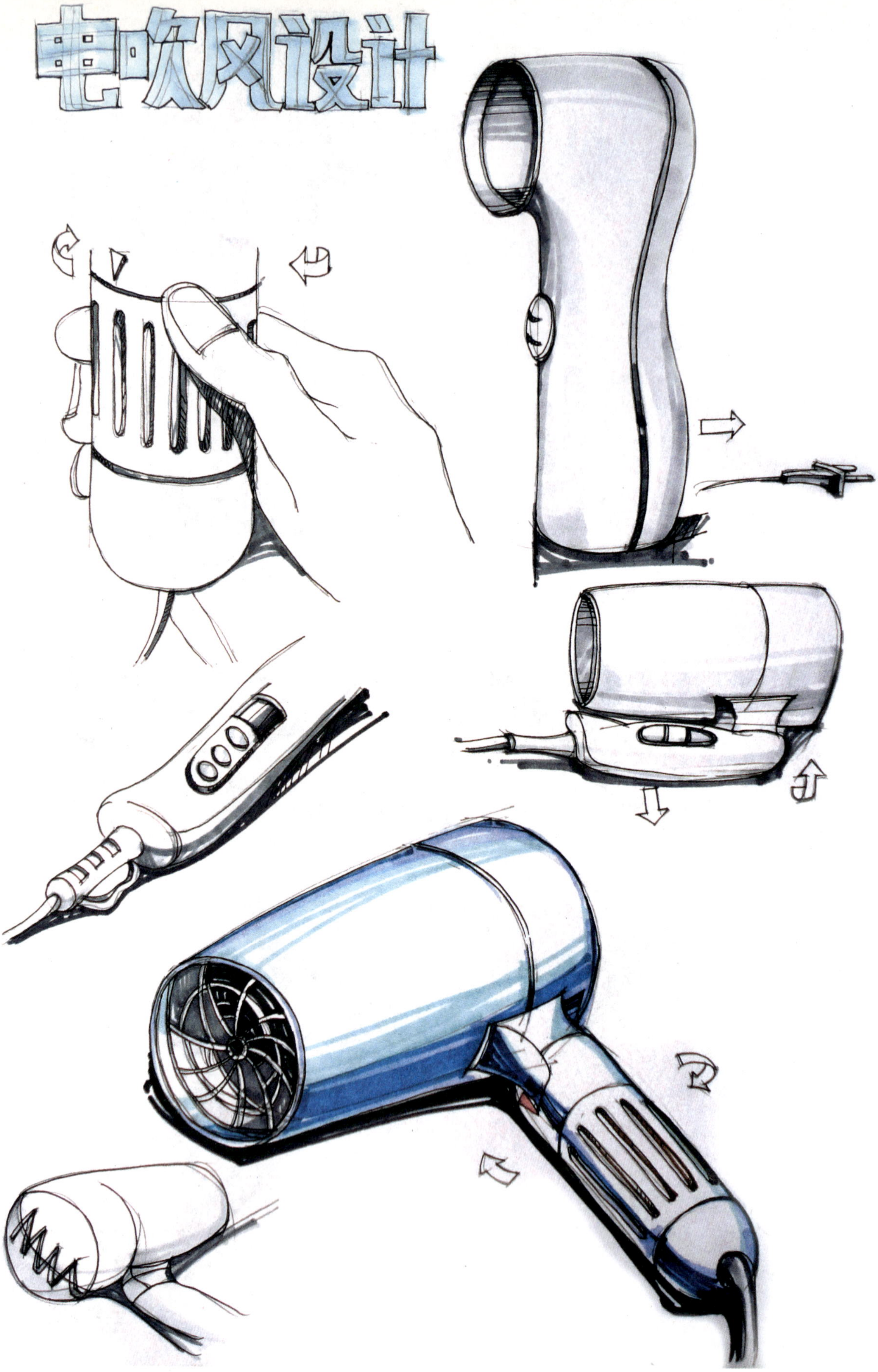

图 1-80　电吹风多图造型方案设计手绘表现图画法步骤（3）　王强　作

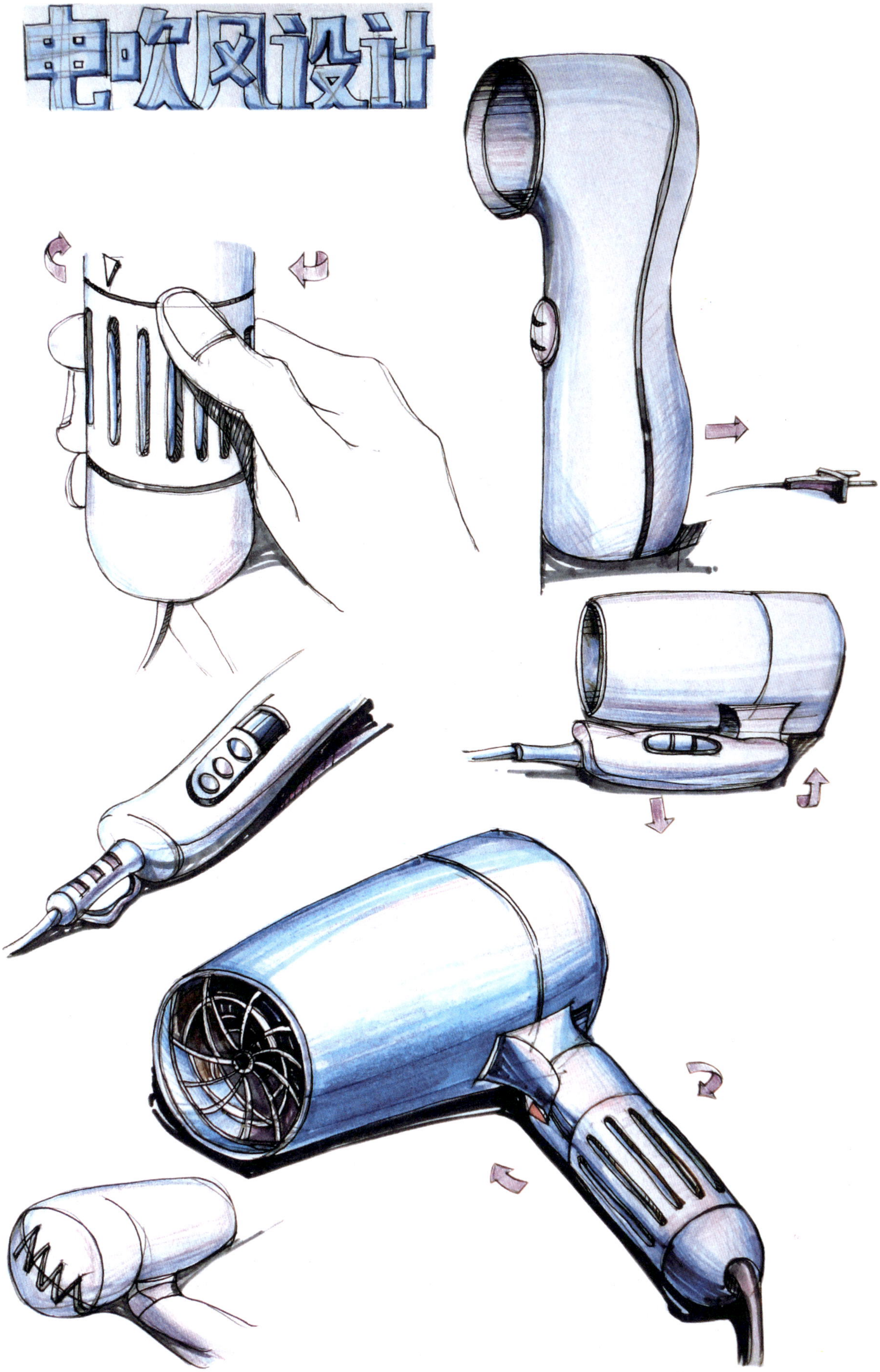

图 1-81　电吹风多图造型方案设计手绘表现图画法步骤（4）　王强　作

3. 其他多图造型方案设计手绘表现图画法步骤

其他多图造型方案设计手绘表现图画法步骤如图 1–82～图 1–102 所示。

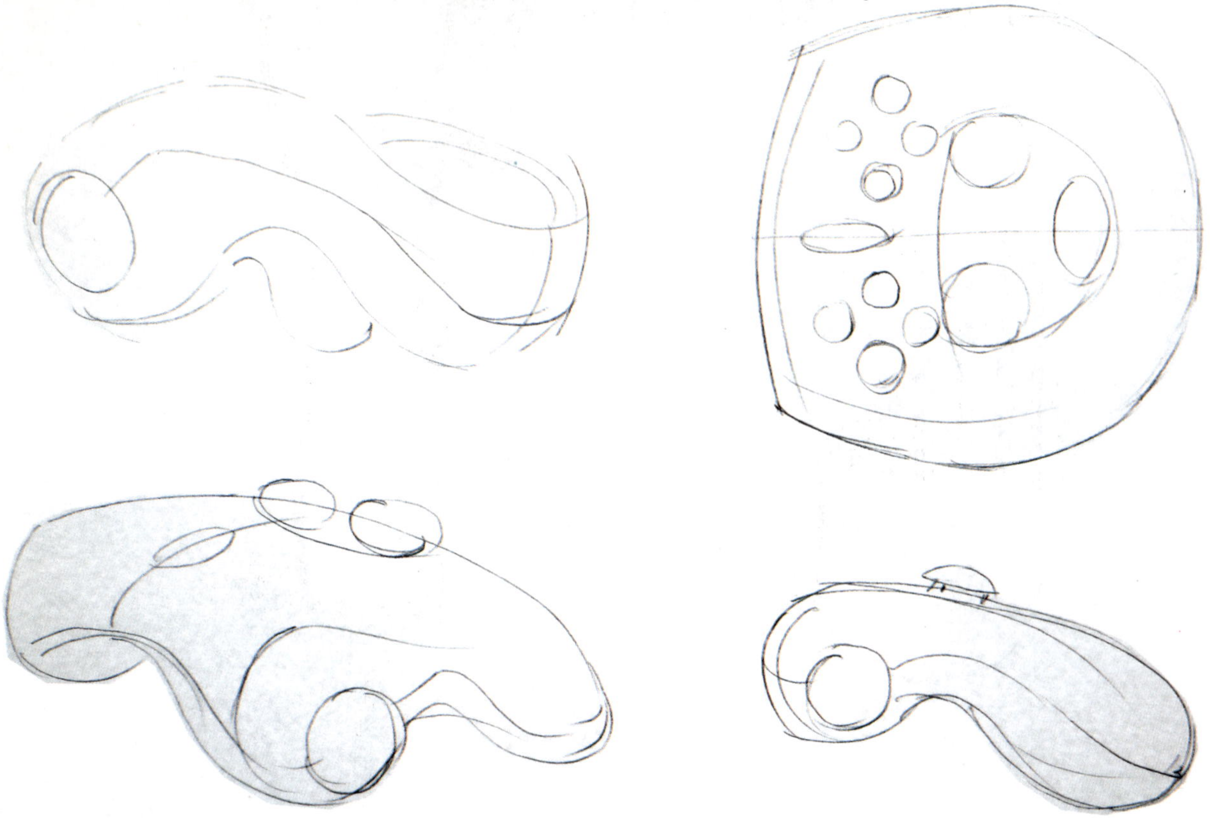

图 1–82　游戏手柄 1 多图造型方案设计手绘表现图画法步骤（1）　王强　作

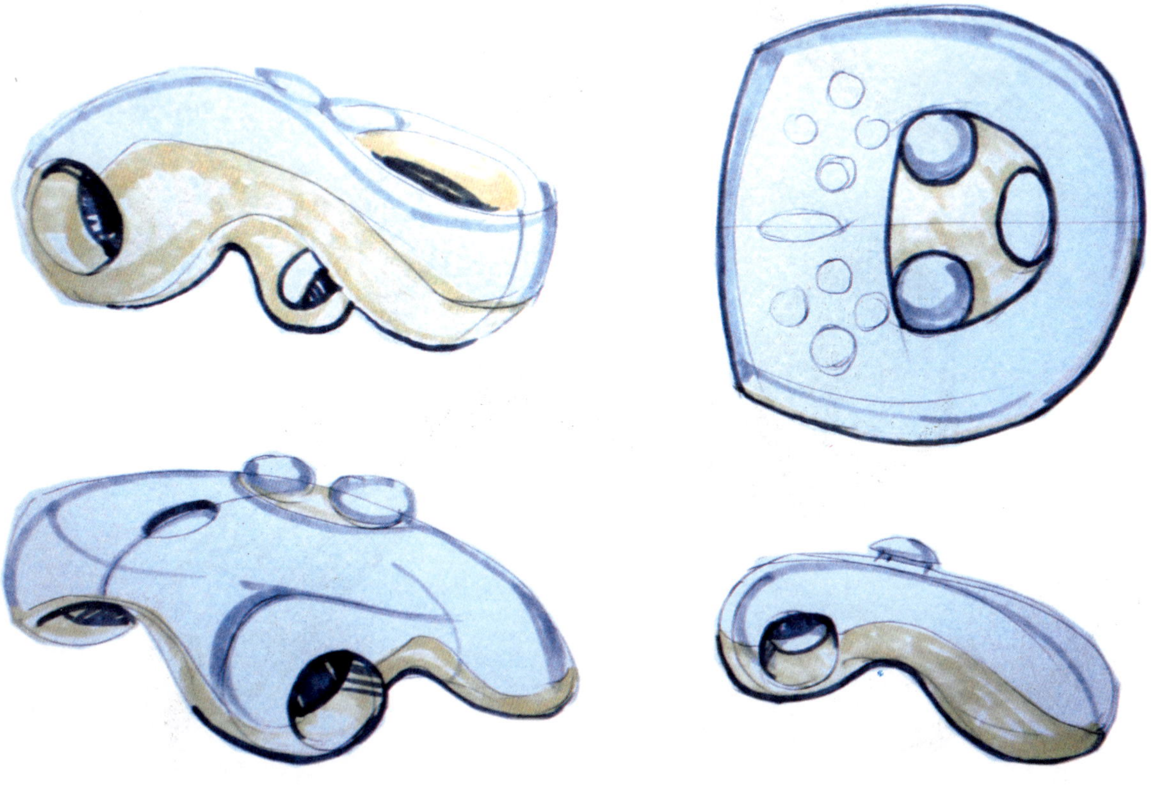

图 1–83　游戏手柄 1 多图造型方案设计手绘表现图画法步骤（2）　王强　作

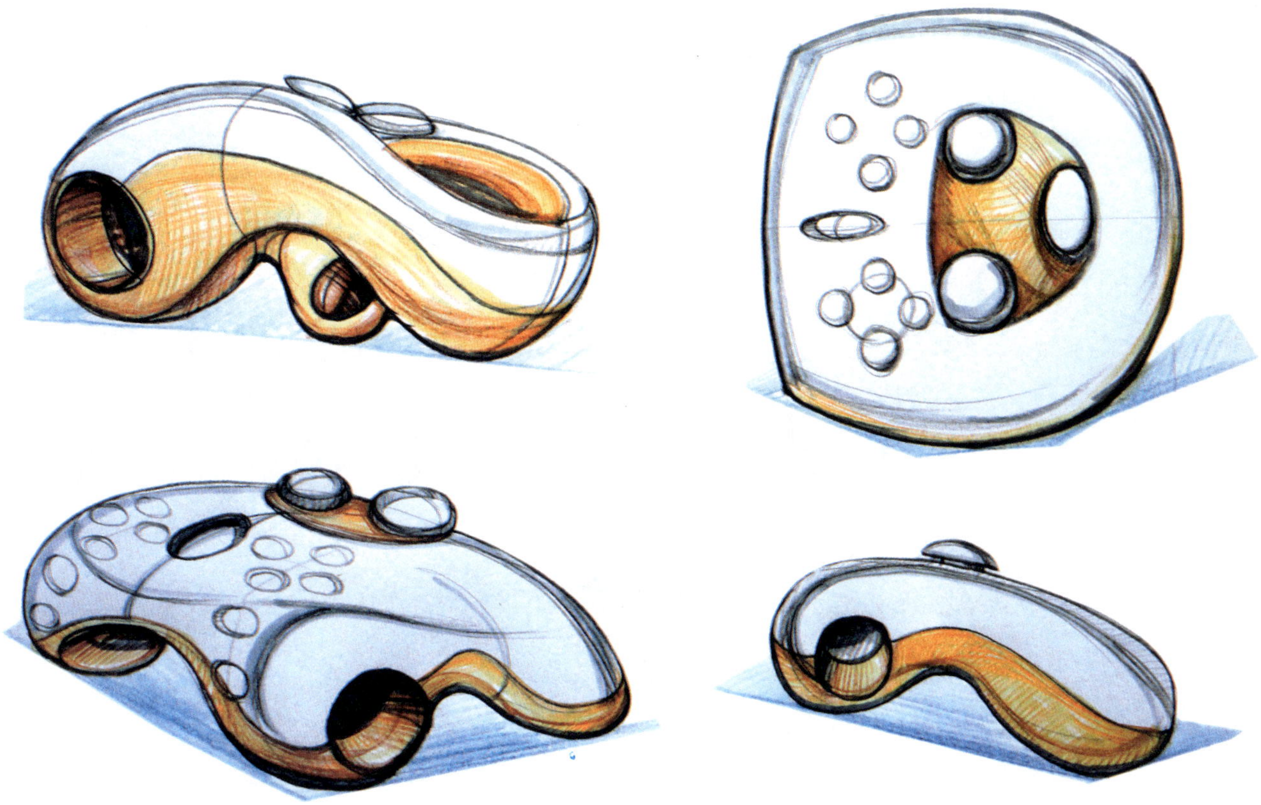

图 1–84　游戏手柄 1 多图造型方案设计手绘表现图画法步骤（3）　王强　作

图 1–85　游戏手柄 2 多图造型方案设计手绘表现图画法步骤（1）　王强　作

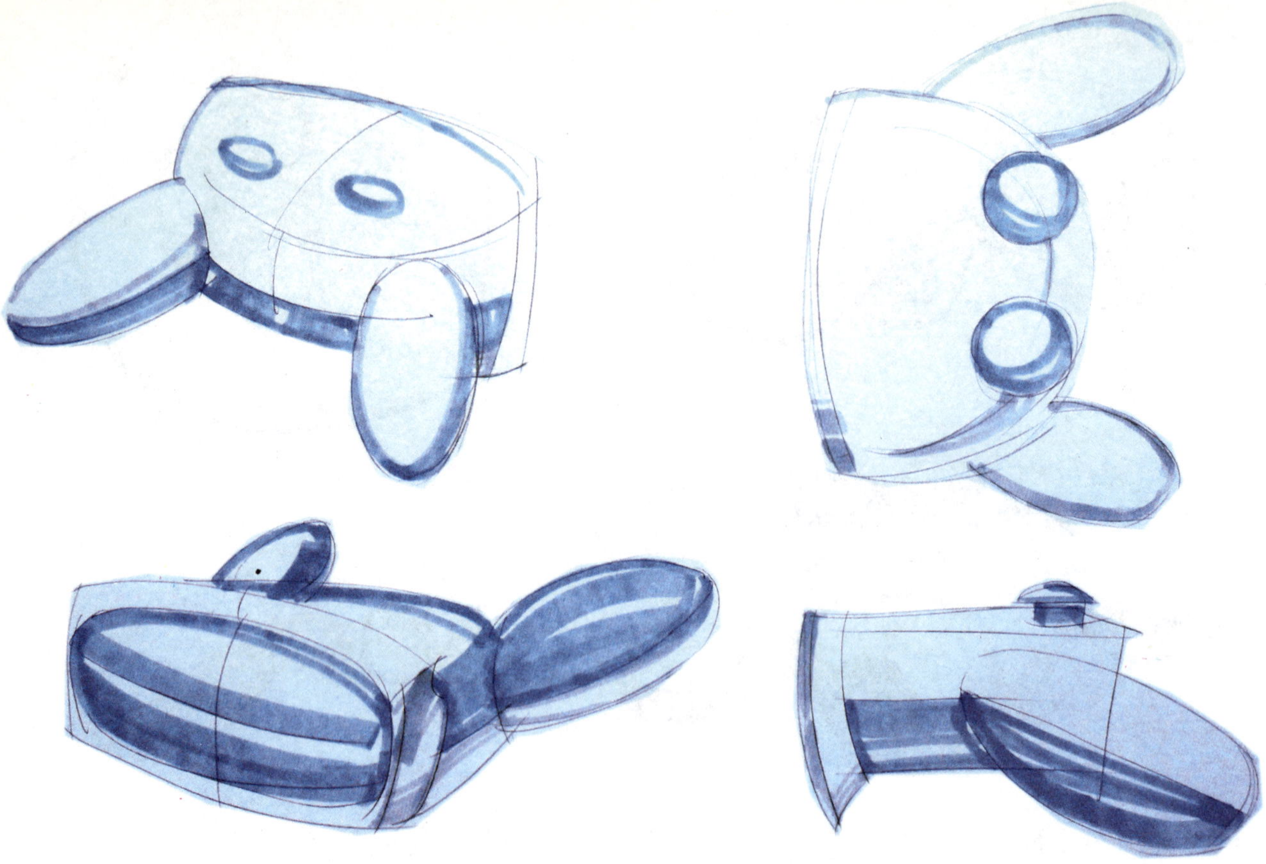

图 1–86　游戏手柄 2 多图造型方案设计手绘表现图画法步骤（2）　王强　作

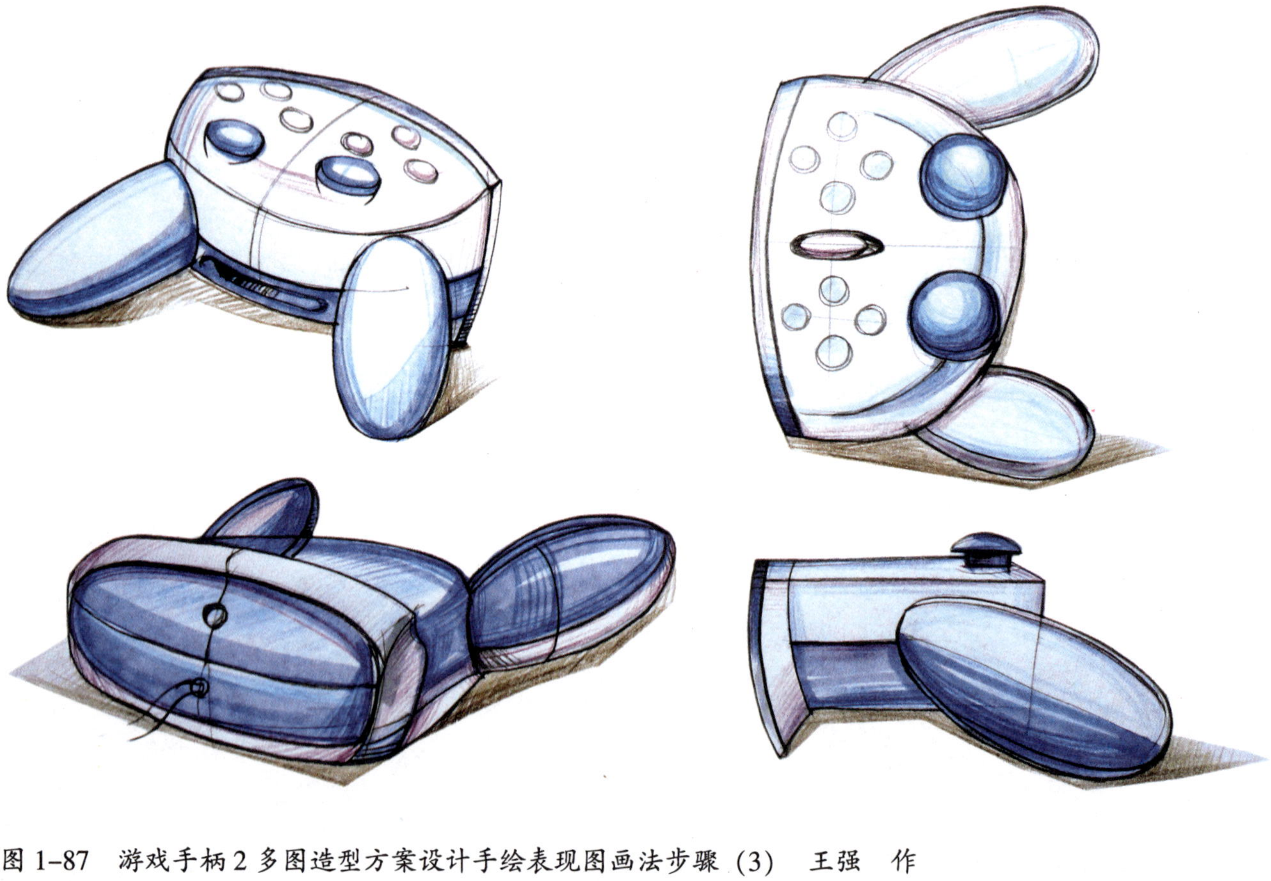

图 1–87　游戏手柄 2 多图造型方案设计手绘表现图画法步骤（3）　王强　作

图 1-88　汽车多图造型方案设计手绘表现图画法步骤（1）　王强　作

图 1-89　汽车多图造型方案设计手绘表现图画法步骤（2）　王强　作

图 1-90　汽车多图造型方案设计手绘表现图画法步骤（3）　王强　作

图 1-91　汽车多图造型方案设计手绘表现图画法步骤（4）　王强　作

图 1–92　概念玩具多图造型方案设计手绘表现图画法步骤（1）　王强　作

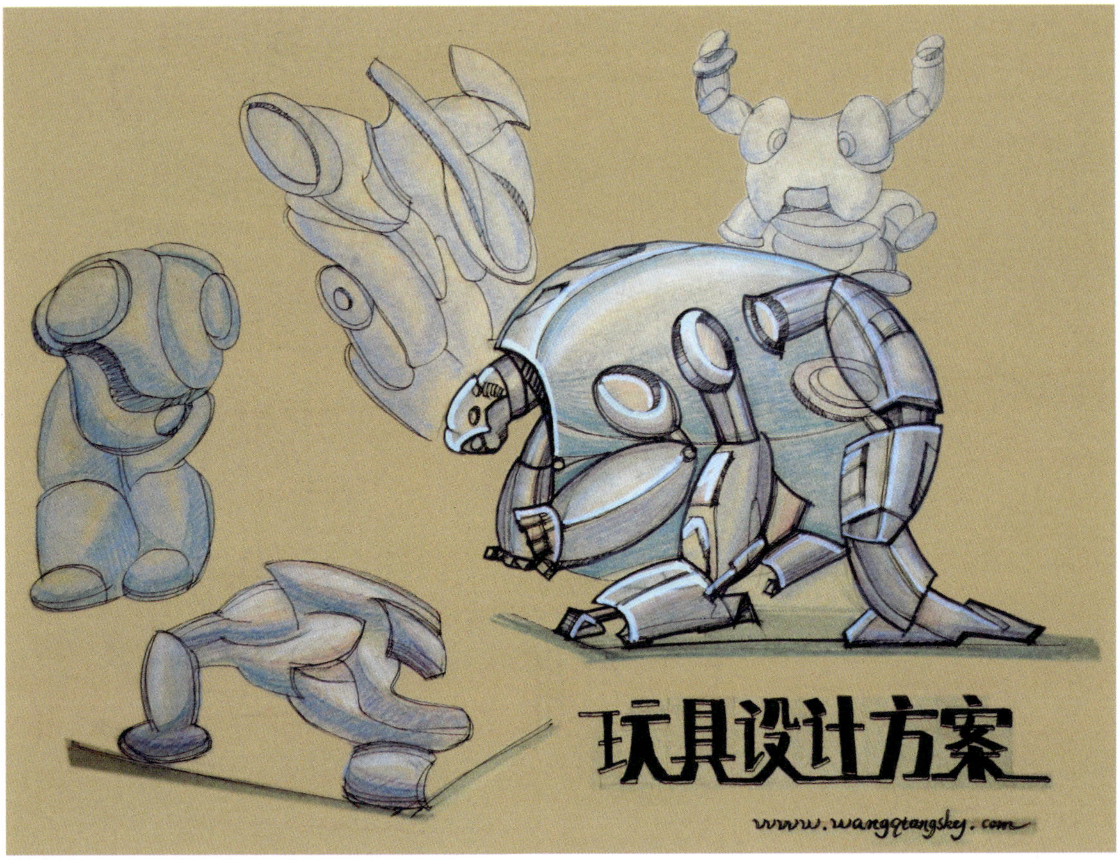

图 1–93　概念玩具多图造型方案设计手绘表现图画法步骤（2）　王强　作

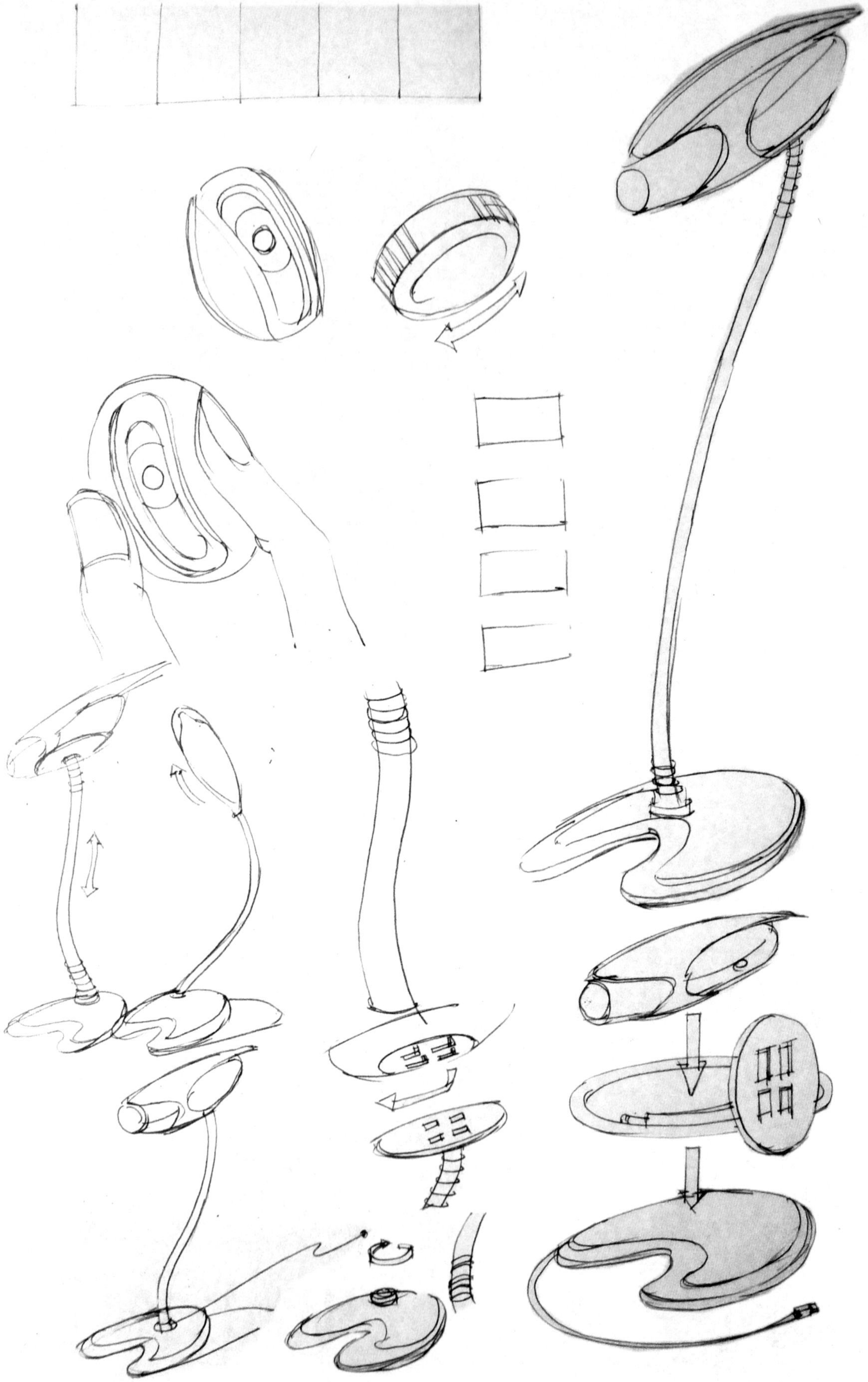

图 1–94　摄像头多图造型方案设计手绘表现图画法步骤（1）　王强　作

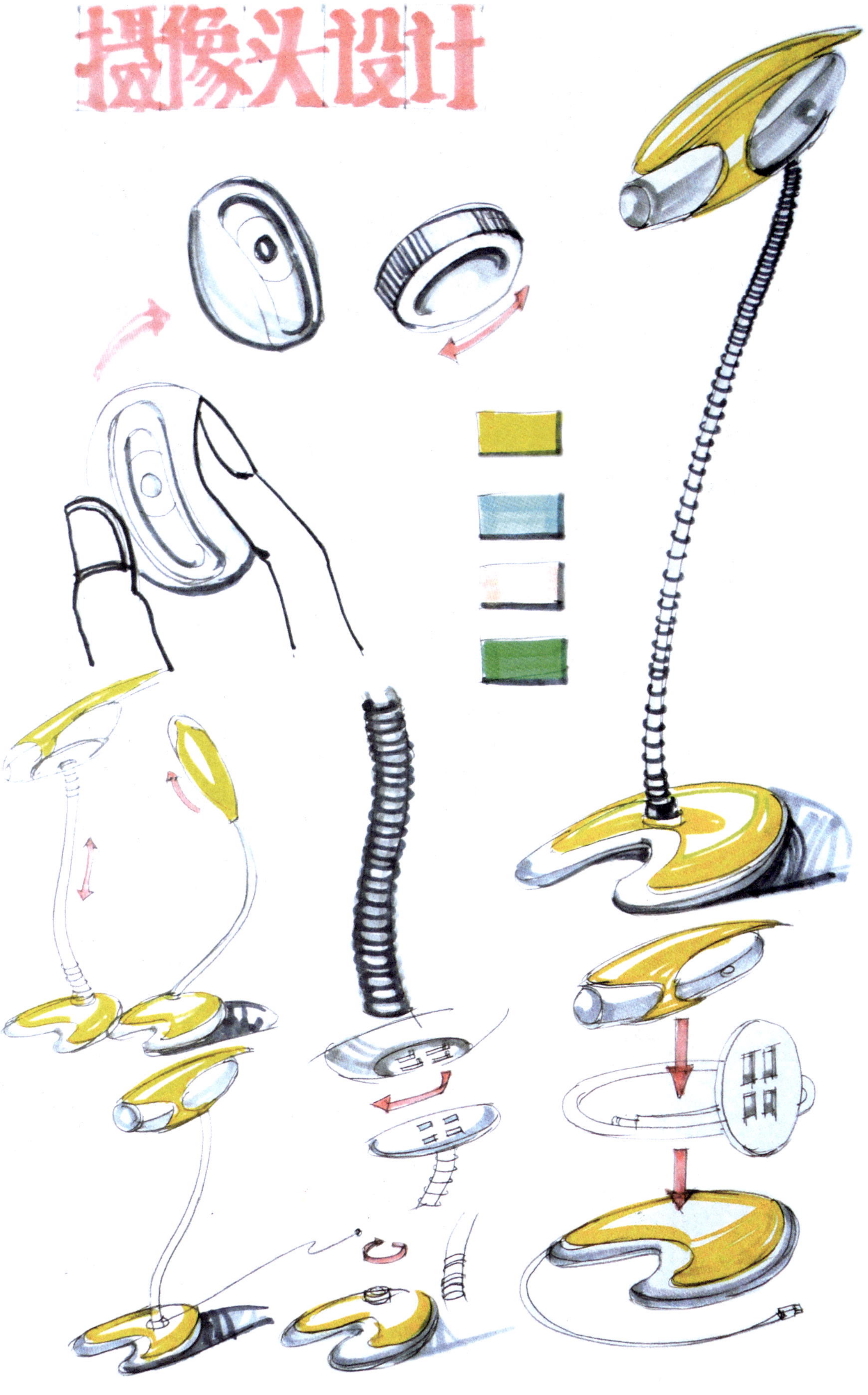

图 1–95　摄像头多图造型方案设计手绘表现图画法步骤（2）　王强　作

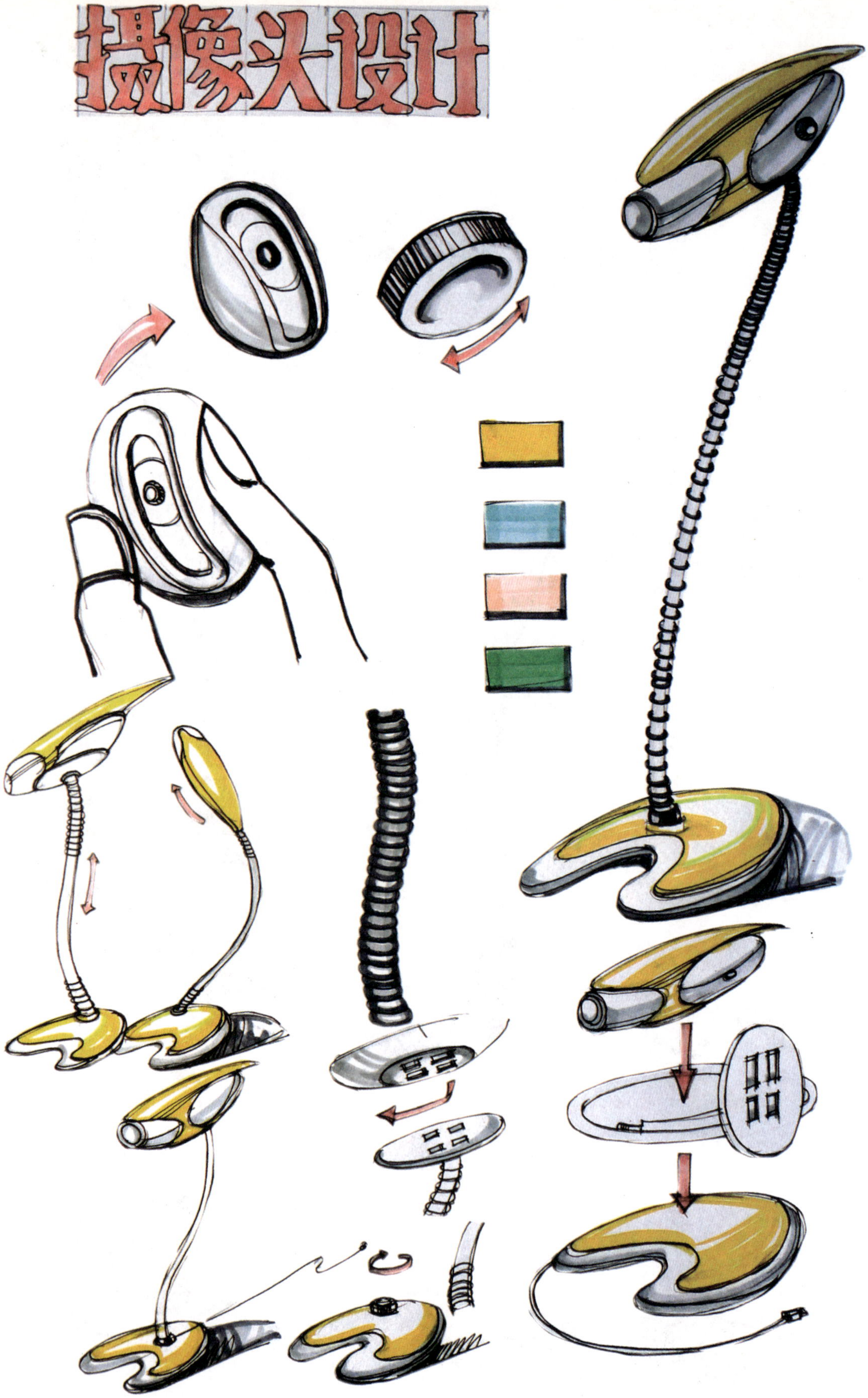

图 1–96　摄像头多图造型方案设计手绘表现图画法步骤（3）　王强　作

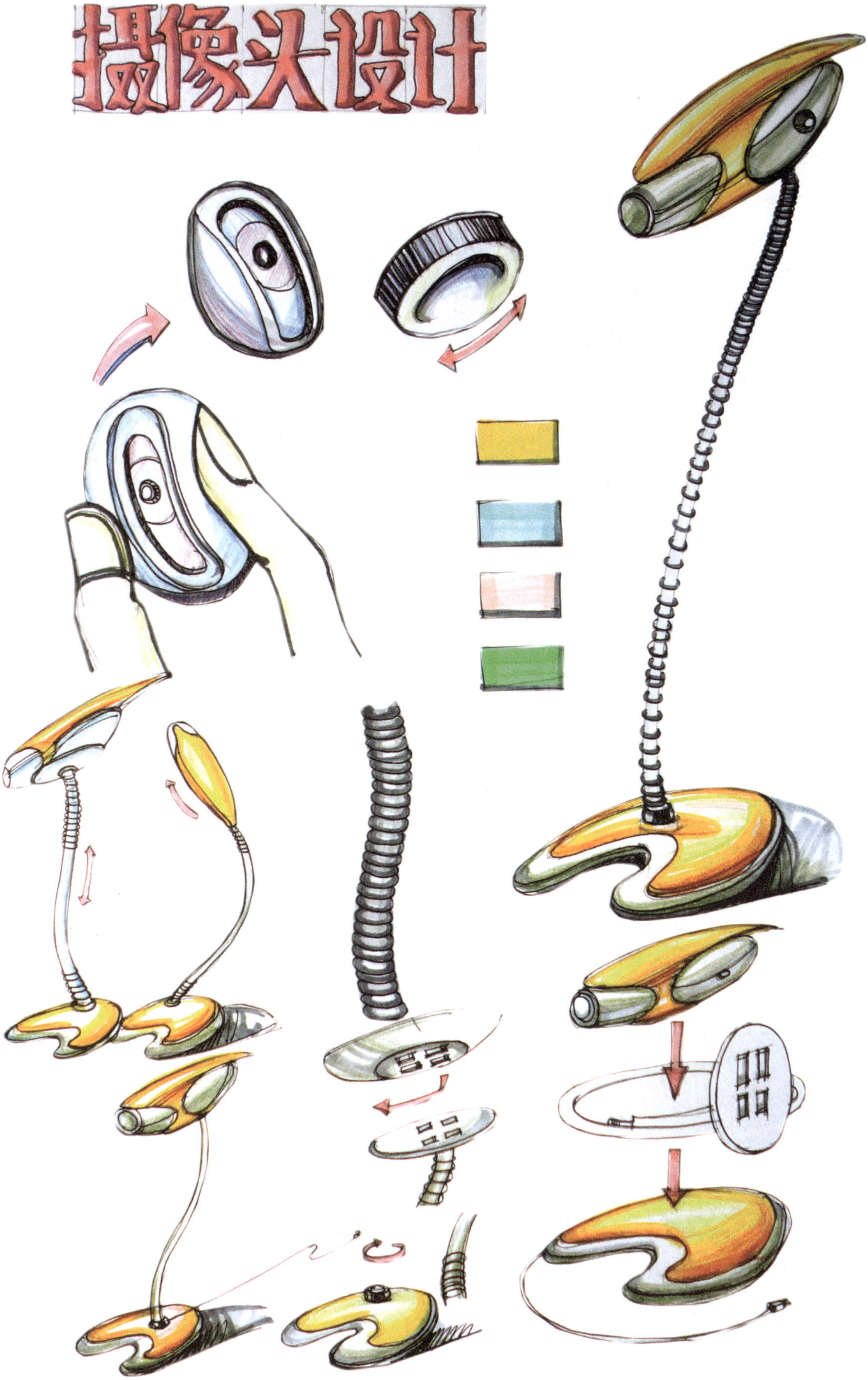

图 1–97　摄像头多图造型方案设计手绘表现图画法步骤（4）　王强　作

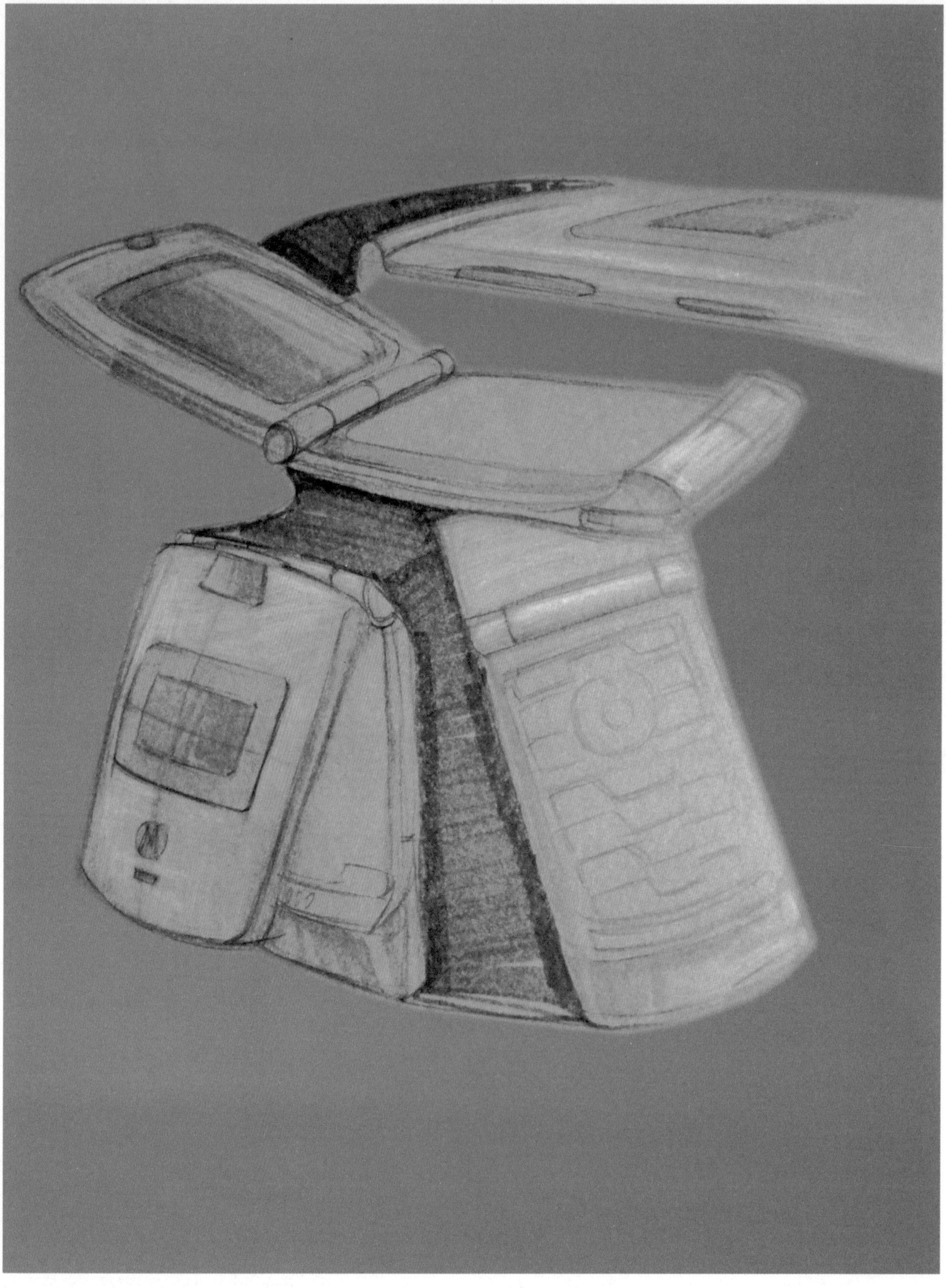

图 1–98　手机 1 多图造型方案设计手绘表现图画法步骤（1）　王强　作

图 1–99　手机 1 多图造型方案设计手绘表现图画法步骤（2）　王强　作

图 1-100　手机 1 多图造型方案设计手绘表现图画法步骤（3）　王强　作

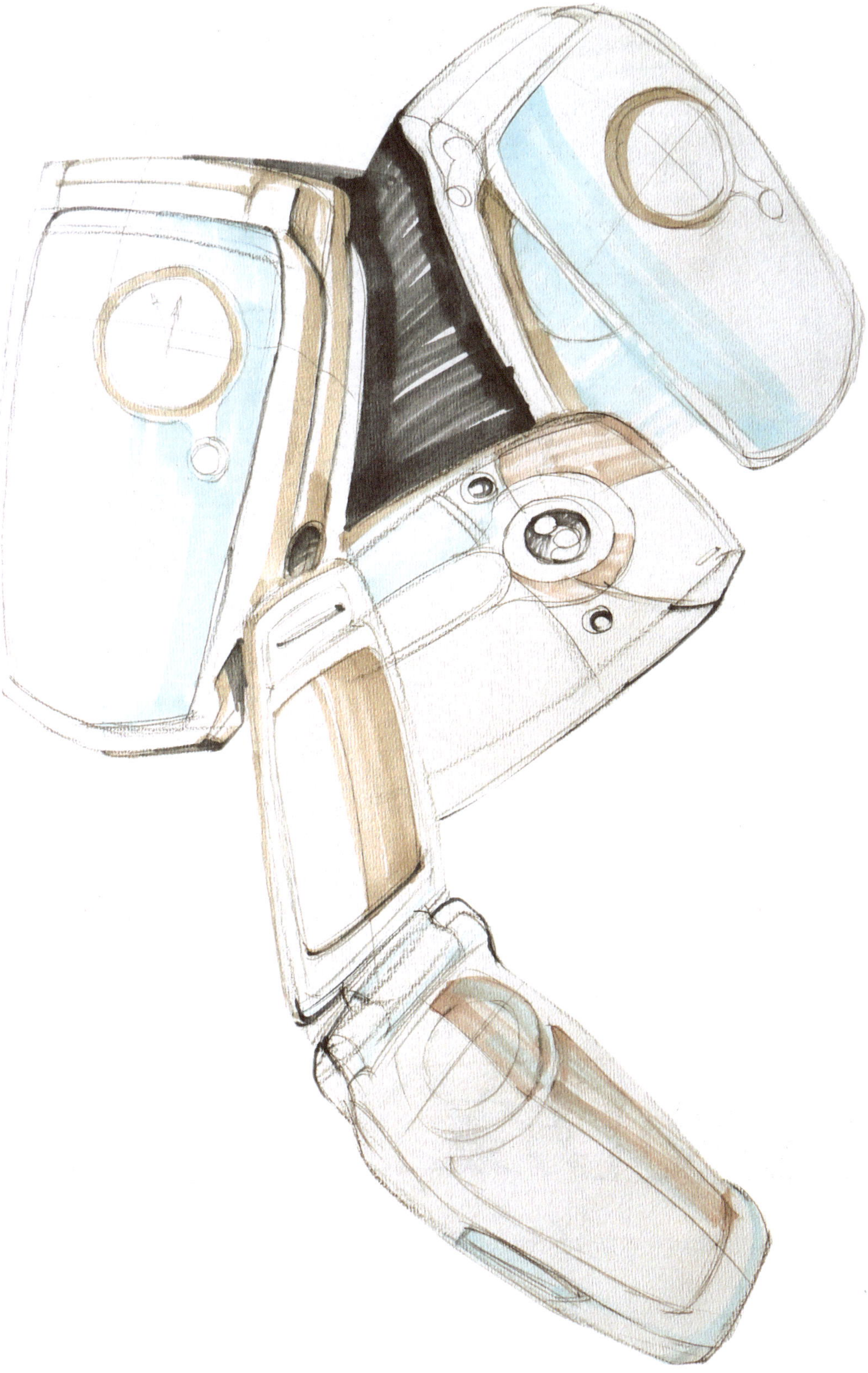

图 1-101　手机 2 多图造型方案设计手绘表现图画法步骤（1）王强　作

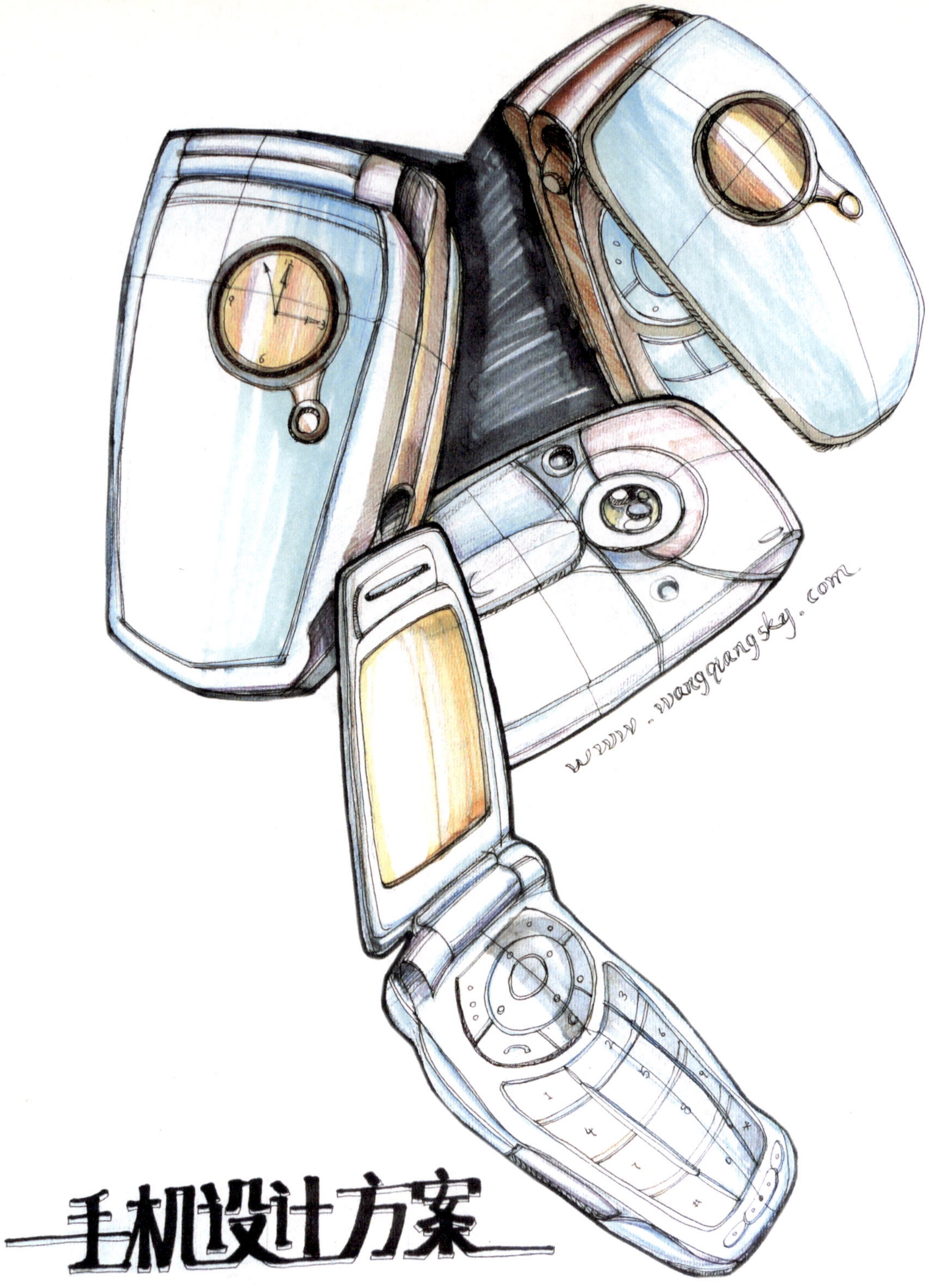

图 1–102　手机 2 多图造型方案设计手绘表现图画法步骤（2）　王强　作

思考题

1. 什么是单体造型设计手绘表现图？
2. 绘制 10 幅单体造型设计手绘表现图。
3. 什么是多图造型方案设计手绘表现图？
4. 绘制 10 幅多图造型方案设计手绘表现图。

第三节 产品设计手绘表现技法工具

一、画线工具

铅笔、木炭笔、彩色铅笔是常用的草图画线工具。铅笔有 2H、HB、2B、3B、4B 等，依次从硬到软，颜色从淡到浓。一般情况下，软硬适中的 HB 和 2B 最常用。铅笔如图 1-103 所示。

木炭笔色粉浓黑，所画线条清晰明了，也是常用的画线工具。但由于色粉附着力差，容易把画面抹脏。木炭笔如图 1-104 所示。

彩色铅笔色彩丰富，表现力强，笔触细腻，色彩叠加自然，很受设计师的欢迎。其中，水溶性彩色铅笔，可以在涂抹铅粉基础上蘸水融化，当水彩色使用。如图 1-105 所示。

图 1-103 铅笔

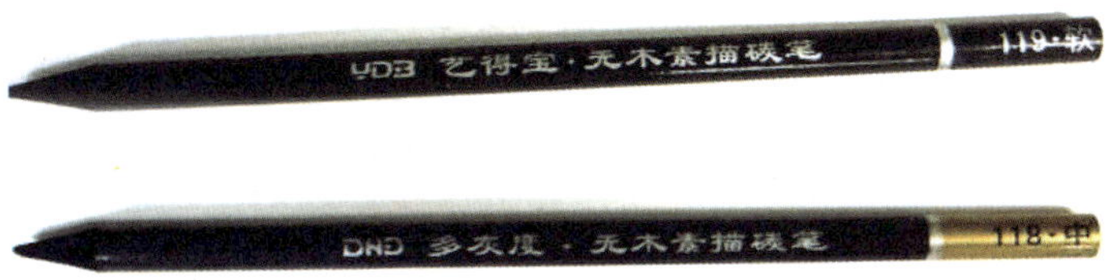

图 1-104 木炭笔

图 1-105 彩色铅笔

二、上色工具

1. 水彩色

水彩色有管装、瓶装和固体等不同品种。水粉色也是属于水彩色系列。水彩色在手绘草图和手绘表现效果图中经常使用，具有色彩丰富、颜色透明、轻盈飘逸的特点。水彩颜料如图 1-106 所示。

2. 马克笔

马克笔有油性和水性之分，常见的品牌有“fine & chisel”、“prismacolor”、“my color2”等。马克笔色彩丰富，笔触方正，可画出粗细变化的线条，视觉冲击力较强。马克笔如图 1–107 所示，其色彩编号对应表如图 1–108 所示。

马克笔颜色丰富，在选购时可根据实际需求数量来选购。以 my color2 为例，常用的马克笔色彩有以下几类。

（1）20 支常用色（以马克笔笔身上的号码为准）：9、25、42、43、47、48、51、59、68、74、97、104、120、BG–3、CG–0.5、CG–4、GG–3、GG–5、WG–3、WG–7。

（2）25 支常用色：7、21、36、37、42、43、47、48、51、54、56、58、59、67、69、75、76、92、94、97、120、CG–0.5、CG–2、CG–4、CG–7。

（3）30 支常用色：1、9、25、36、37、42、43、47、48、51、58、59、68、74、92、97、102、104、120、bG–3、GG–3、GG–5、CG–0.5、CG–4、CG–6、CG–9、WG–1、WG–3、WG–5、WG–7。

（4）40 支常用色：1、6、9、15、25、36、37、42、43、46、47、48、49、50、51、53、54、56、58、59、62、68、76、84、92、97、104、120、BG–3、GG–3、GG–5、CG–0.5、CG–1、CG–4、CG–6、CG–9、WG–1、WG–3、WG–5、WG–7。

3. 色粉笔

色粉笔是产品设计手绘效果图中常用的上色工具，具有色彩丰富、细腻、过渡自然的特点。使用时用刀片把色粉笔末刮下来，加上爽身粉调理均匀，再用海绵或脂棉蘸着粉末去涂抹。这种方法适合表达圆润、光滑、朦胧渐变的特殊效果。色彩笔如图 1–109 所示。

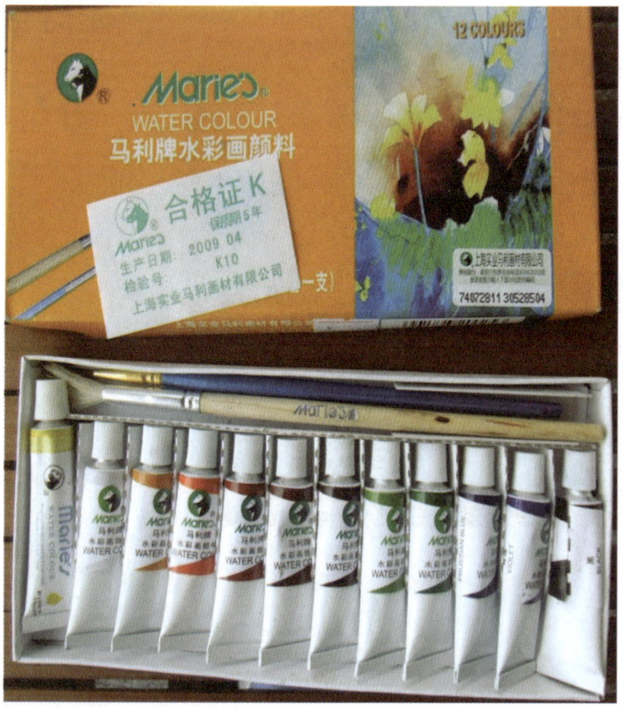

图 1–106　水彩颜料

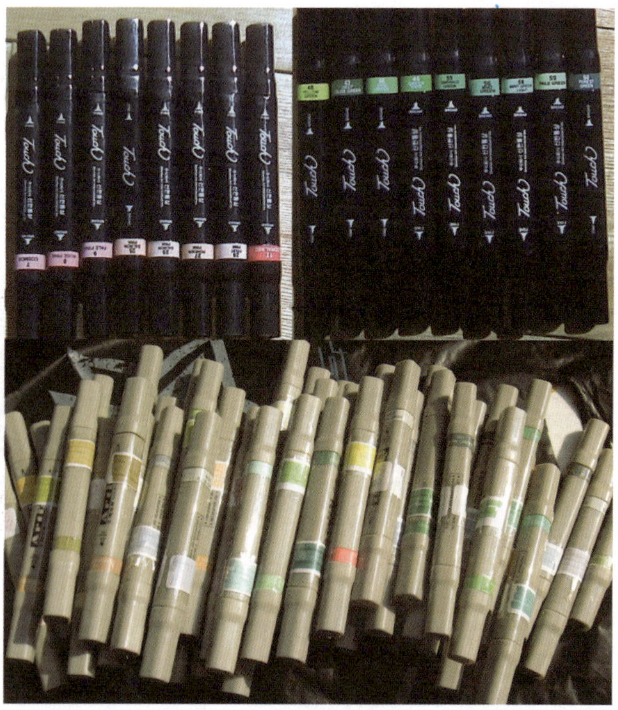

图 1–107　马克笔

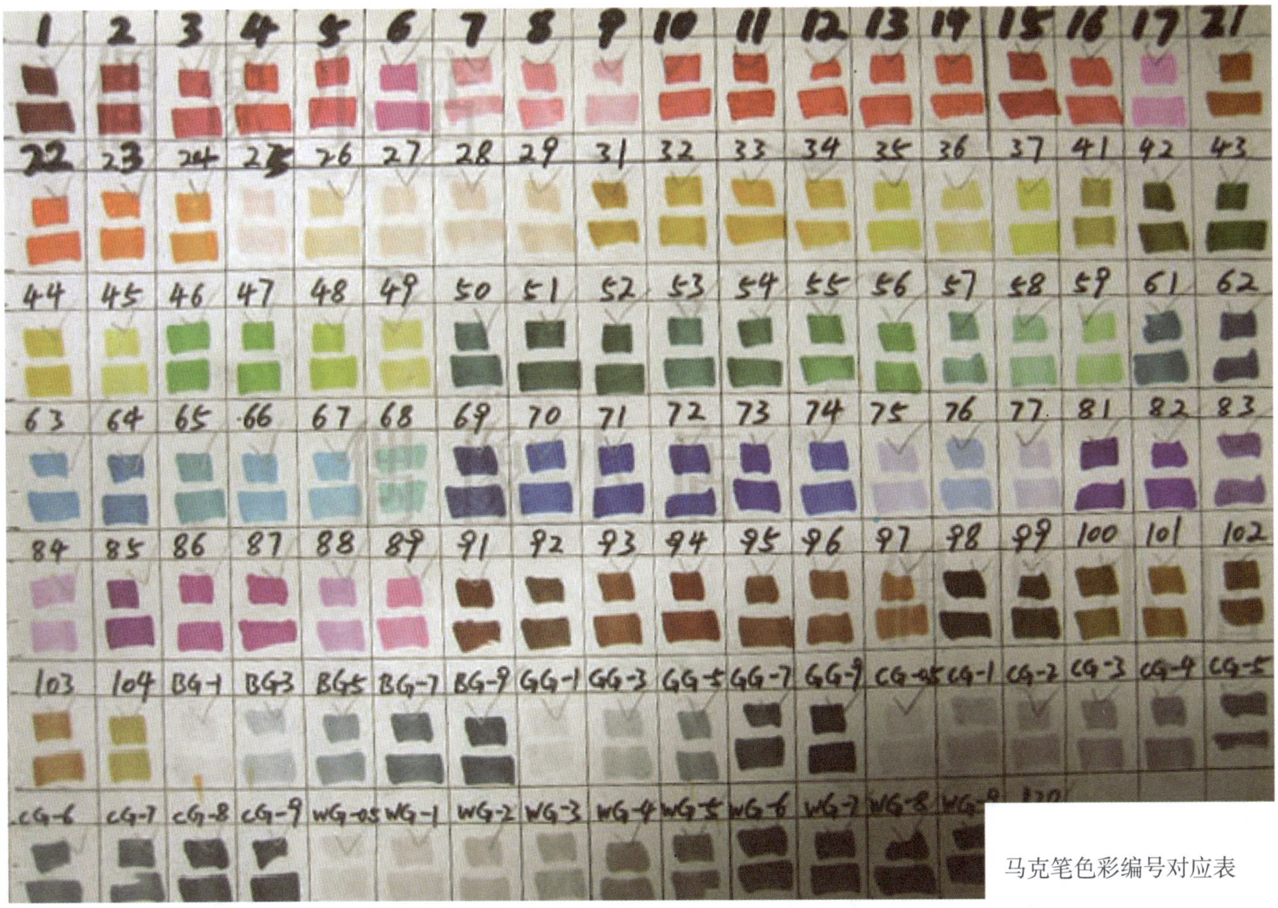

图 1–108　马克笔色彩编号对应表

图 1–109　色粉笔

三、辅助工具

辅助工具主要有遮挡纸（有告示贴、低黏度胶带纸等）及其三角尺、模板、曲线板等。辅助工具如图 1–110 所示。

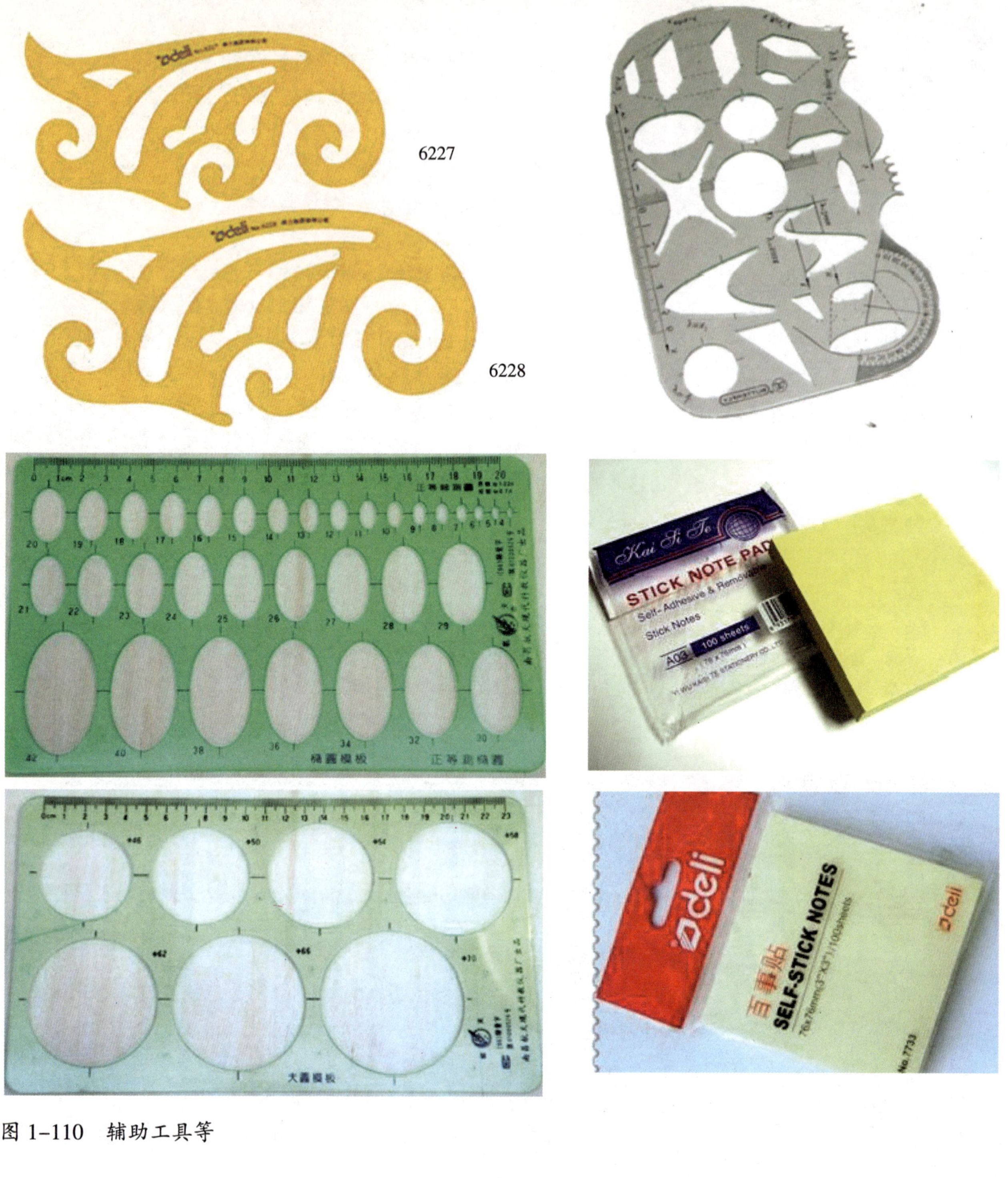

图 1–110　辅助工具等

四、纸张

1. 卡纸类

纸张厚实，硬度高，表面光滑，色彩还原度高。

2. 复印纸、打印纸

这类纸张价格便宜，使用方便，大多数情况下画草图都用这类纸张。这类纸张的缺点是不宜反复渲染，易破损。

第二章 产品设计手绘基础练习

第一节　线条和透视的练习

一、钢笔线条的训练

手绘表现主要通过钢笔来勾画物体轮廓，塑造物体形象。因此，钢笔线条的练习成为手绘训练的重点。钢笔线条本身就具有无穷的表现力和韵味，它的粗细、快慢、软硬、虚实、刚柔和疏密等变化可以传递出丰富的质感和情感。

钢笔线条主要分为慢写线条和速写线条两类。慢写线条注重表现线条自身的韵味和节奏，绘制时要求用力均匀，线条流畅、自然。通过训练慢写线条，不仅可以提高手对钢笔线条的控制力，使脑与手的配合更加完美，而且可以锻炼绘画者的耐心和毅力，为设计创作打下良好的心理基础。慢写线条如图 2–1 所示。

速写线条注重表现线条的力度和速度，绘制时用笔较快，线条刚劲有力，挺拔帅气。通过训练速写线条，可以提高绘画者的概括能力和快速表现能力。速写线条如图 2–2 所示。

图 2–1　慢写线条练习

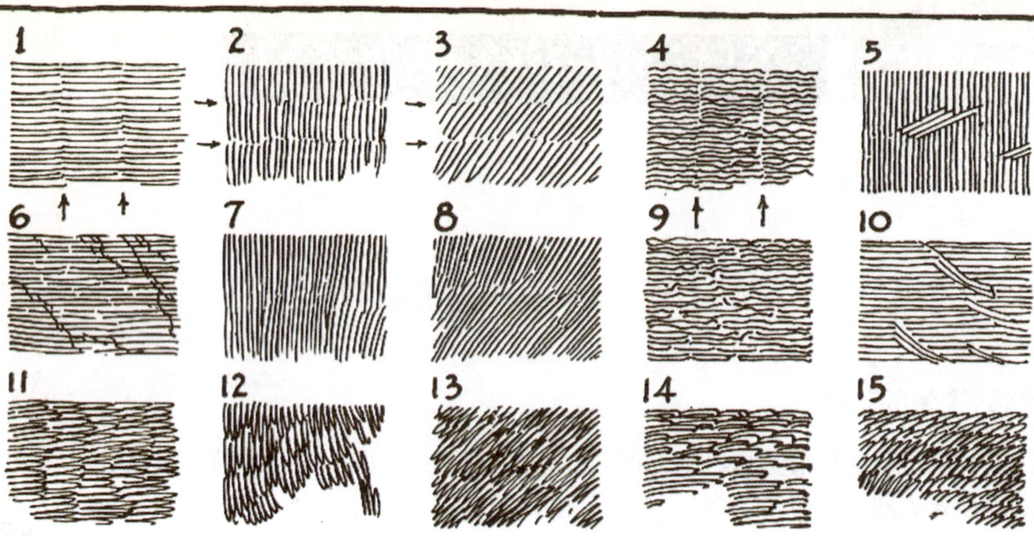

用各类线条组合组成的色块

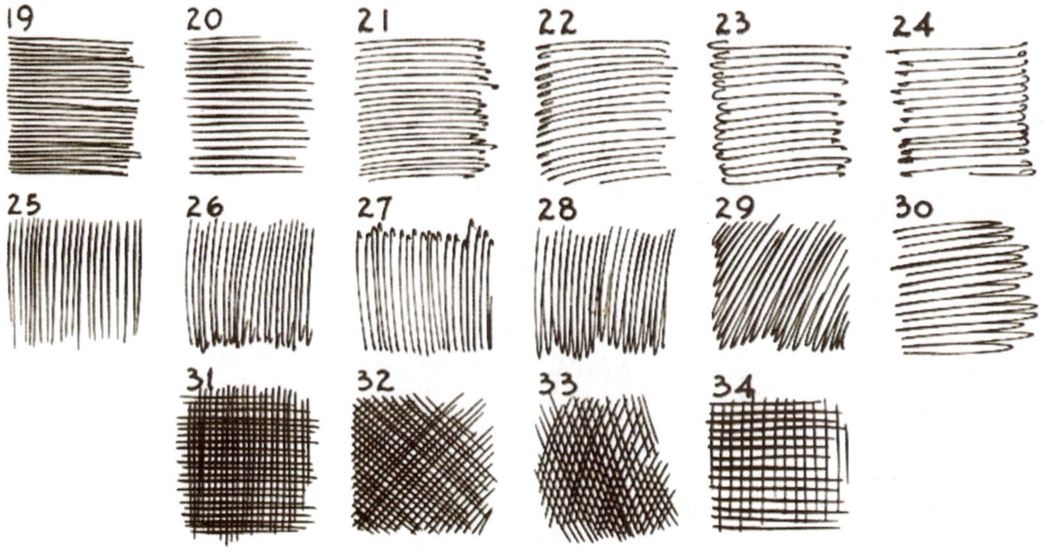

随意快速画出流畅的线条
（也可以连一些曲线）

图 2–2　速写线条练习

具体来说，钢笔线条的训练可分为以下三个阶段。

一是练笔。培养手、眼、脑的相互协调能力和表现能力，以期能够快速而准确地再现所要表现的物象。在这一阶段，初学者必须打好基础，可以放松地在纸上画方、画圆，画长线、短线、折荡线等，使手更加灵活、舒展。如图 2–3 所示。

其次，练习手对线条的控制。有目的地在纸上画长短均匀、间隔一致的水平直线、水平波浪线、垂直线和交叉线等，使手能够被大脑所控制，达到有限定的绘制要求。这种练习有助于初学者打下扎实的基本功，对今后准确地塑造形体起着重要的作用。如图 2–4 所示。

最后，要练习运用钢笔线条熟练绘制产品设计手绘概念草图的能力。钢笔线条下笔肯定，落笔无悔，不易修改。所以，练习时要大胆用笔，表现出钢笔线条特有的力度感、流畅感和韵律感。如图 2–5 所示。

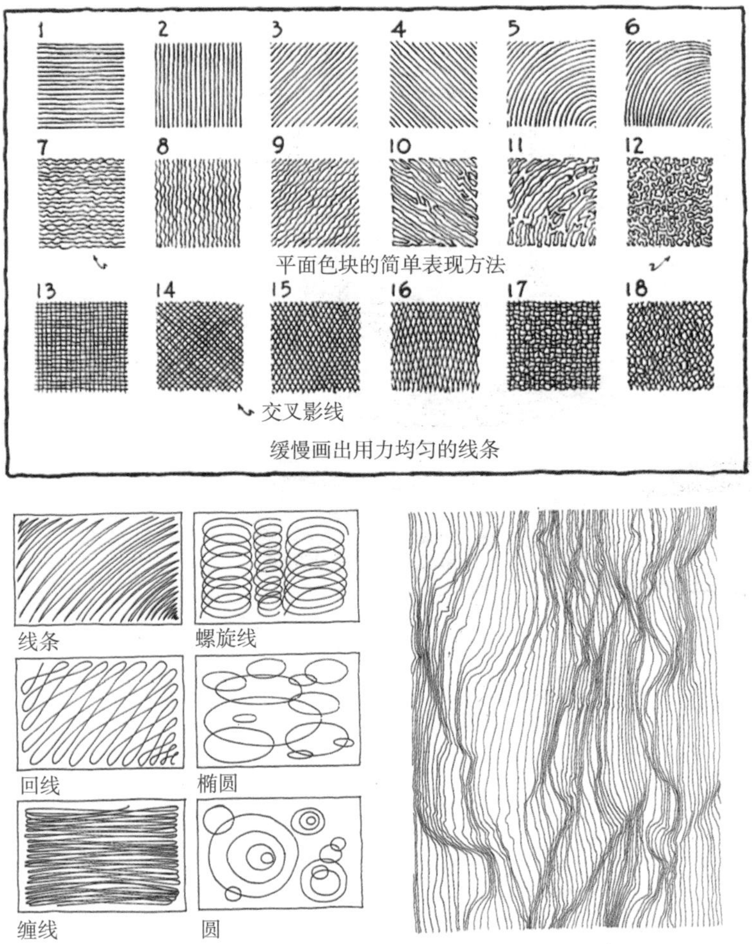

图 2–3　钢笔线条练习第一阶段

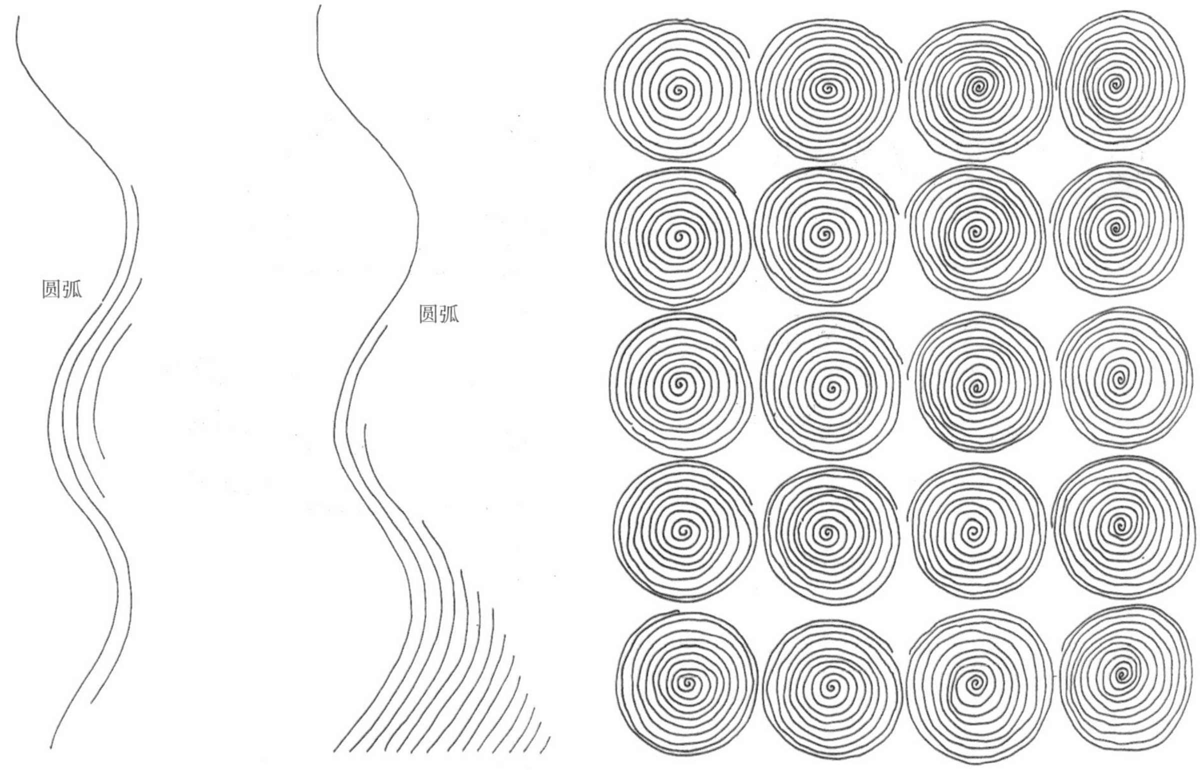

图 2–4　钢笔线条练习第二阶段

图 2–5　钢笔线条练习第三阶段

二、铅笔线条的练习

产品设计的许多前期构思方案和概念草图也常用铅笔线条来表达。铅笔软硬兼具，所绘线条虚实结合，流畅轻松，易于修改，非常适合于设计创作初期的草图构思。练习时要大胆用笔，用长线条和组合线条绘制出产品的基本造型和透视关系，并从不同角度表达产品。如图 2–6 所示。

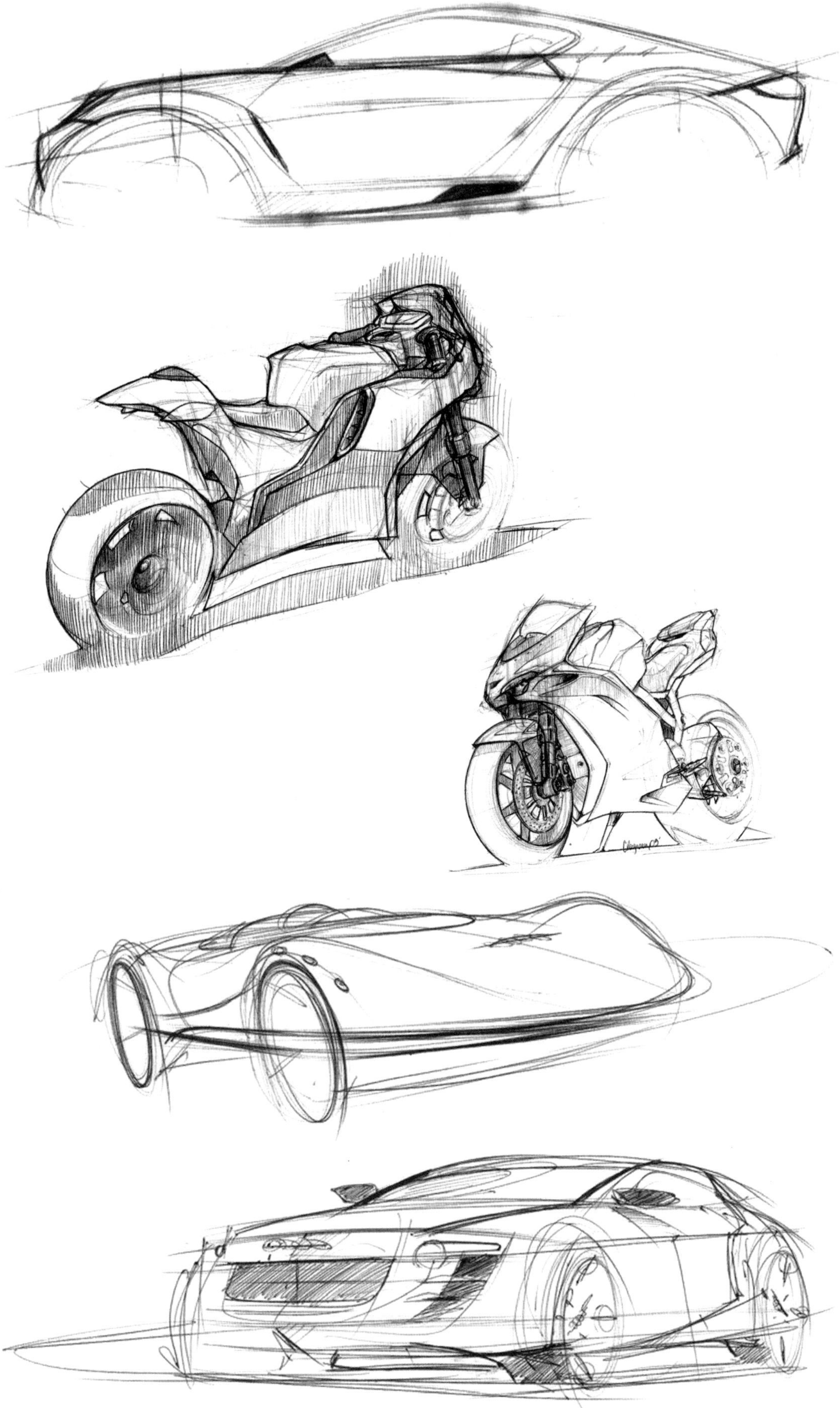

图 2–6　铅笔线条练习

三、透视训练

1. 透视的概念

所谓透视，是指通过透明平面来观察研究物体形状的方法。透视图是在物体与观者之间，假设有一透明平面，观者对物体各点射出视线，与此平面相交之点连接所形成的图形。

透视的常用术语有以下 7 个。

（1）E：人眼所在的位置。

（2）P：画画，绘制透视图所在平面。

（3）G：基面，放置建筑物的平面。

（4）H：视高，视点到地面的距离。

（5）L：视线，视点和物体上各点的连线。

（6）C：视平线，画面与视平面的交线。

（7）F：视平面，过视点所作的水平面。

透视图如图 2–7 所示。

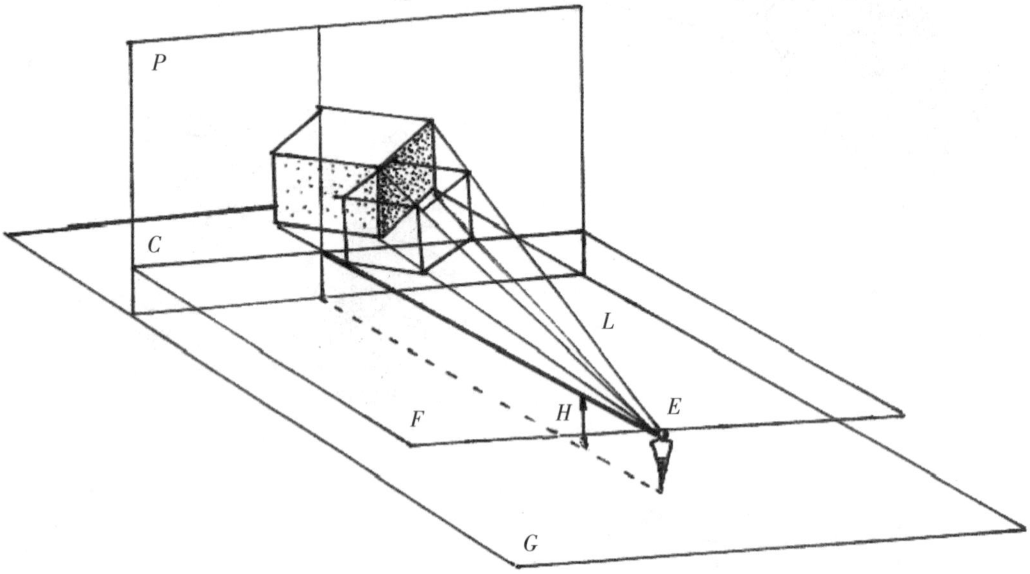

图 2–7　透视图的概念

2. 透视图的画法

1）一点透视图的画法

一点透视又叫平行透视，即人的视线与所观察的画面平行，形成方正的画面效果，并根据视距使画面产生进深立体效果的透视作图方法。其特点为构图稳定、庄重，空间效果较开敞。一点透视图的画法如图 2–8 所示。

2）两点透视图的画法

两点透视又叫成角透视，即人的视线与所观察的画面成一定角度，形成倾斜的画面效果，并根据视距使画面产生进深立体效果的透视作图方法。其特点为构图生动、活泼，空间立体感较强。两点透视图的画法如图 2–9 所示。

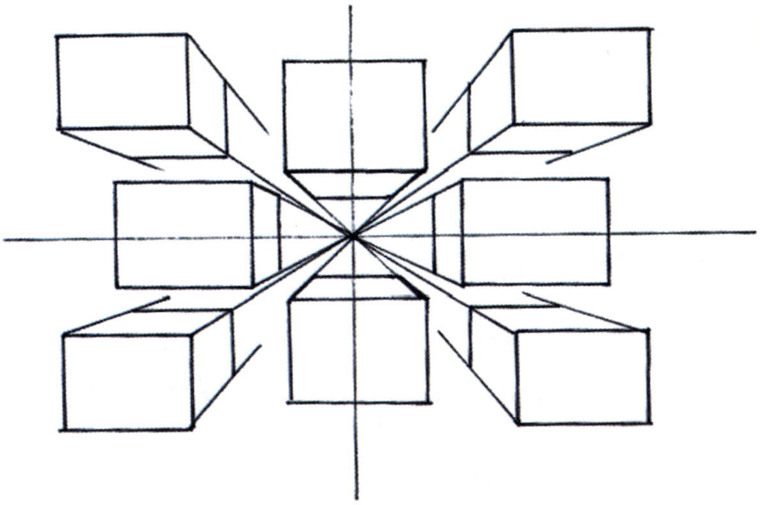

图 2-8　一点透视图的画法

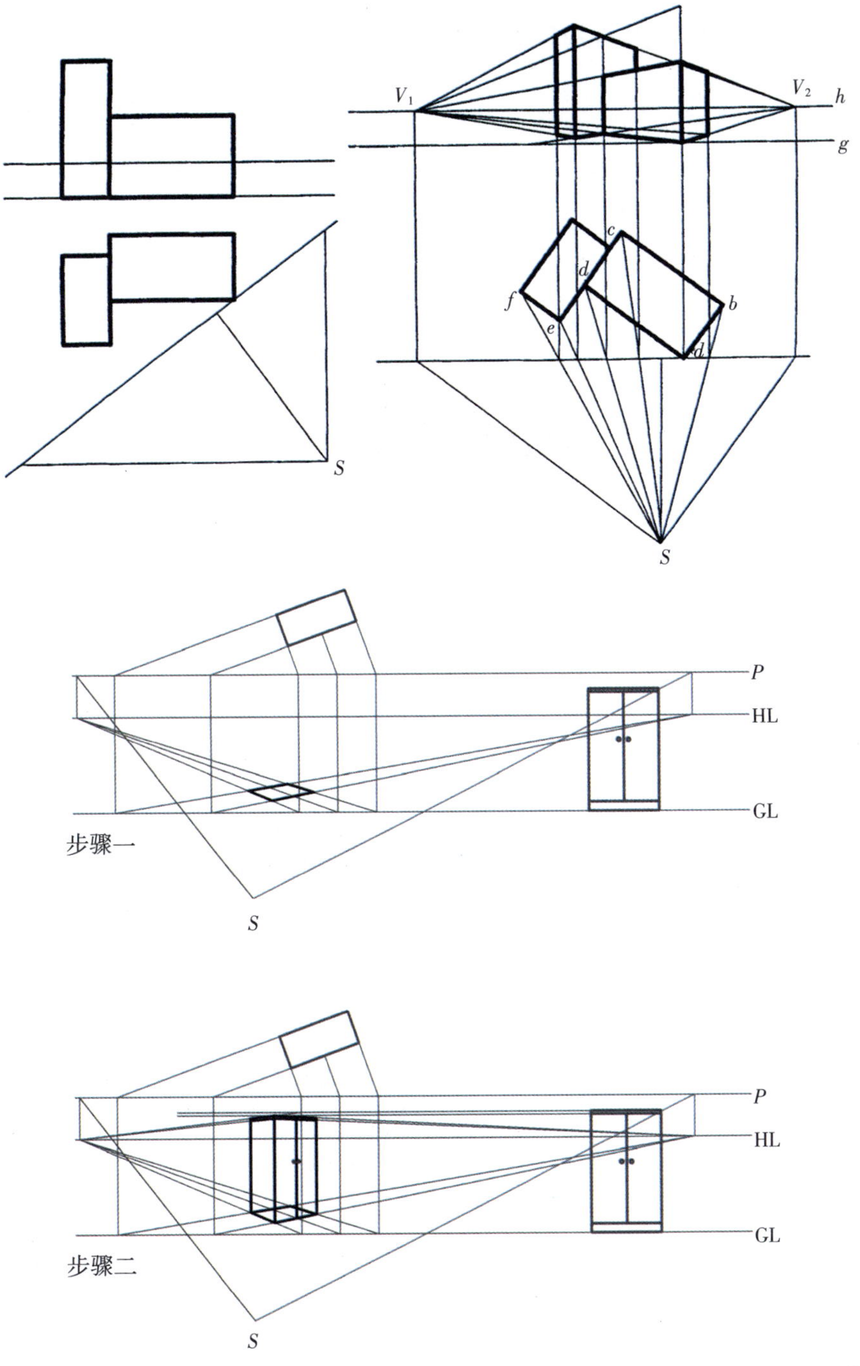

图 2-9　两点透视图的画法

思考题

1. 什么是透视图？
2. 利用一点透视原理绘制 10 幅产品手绘表现图。
3. 利用两点透视原理绘制 10 幅产品手绘表现图。

第二节 结构素描产品的练习

素描是造型设计的基础，素描的表现技法多样，适合基础训练的有两种，即结构素描和明暗素描。结构素描是以线条为主要表现手段，着重表现物体造型特征和内部结构的一种素描表现形式。结构素描注重对外部轮廓线和内部结构线的描绘，可以忽略物体光影明暗等外在因素，运用理性的分析和解剖，从形体中提炼和概括出物体的本质特征。因此，结构素描的训练可以帮助初学者分析和理解产品的内部构造，抓住产品造型的本质。

结构素描产品练习如图 2-10～图 2-16 所示。

图 2-10 石膏组合结构素描 何硕颢 作

图 2-11 静物组合结构素描 何硕颢 作

2-10 / 2-11

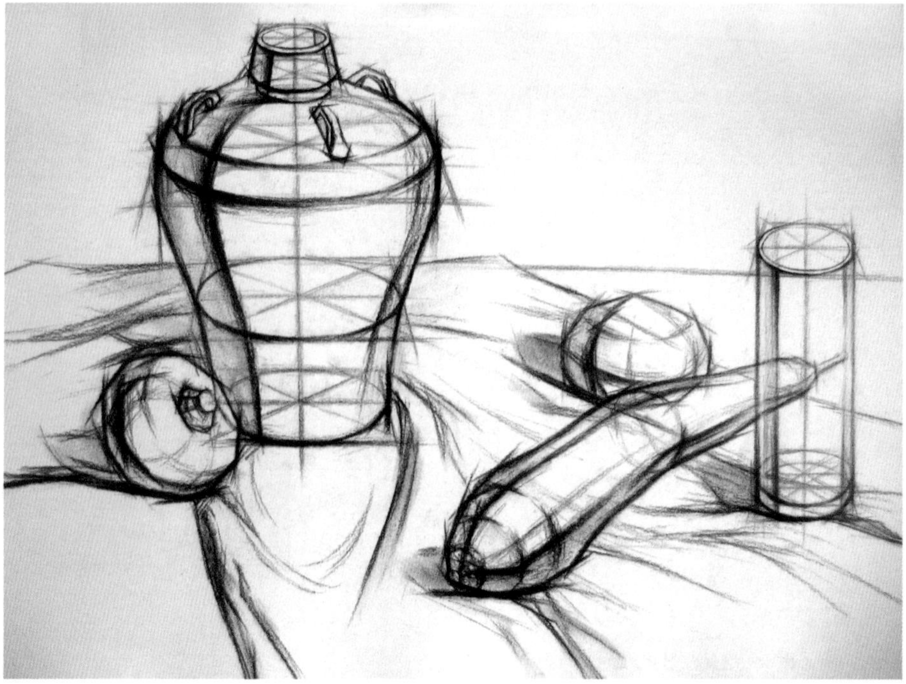

图 2–12　结构素描作品（1）　王劲　作

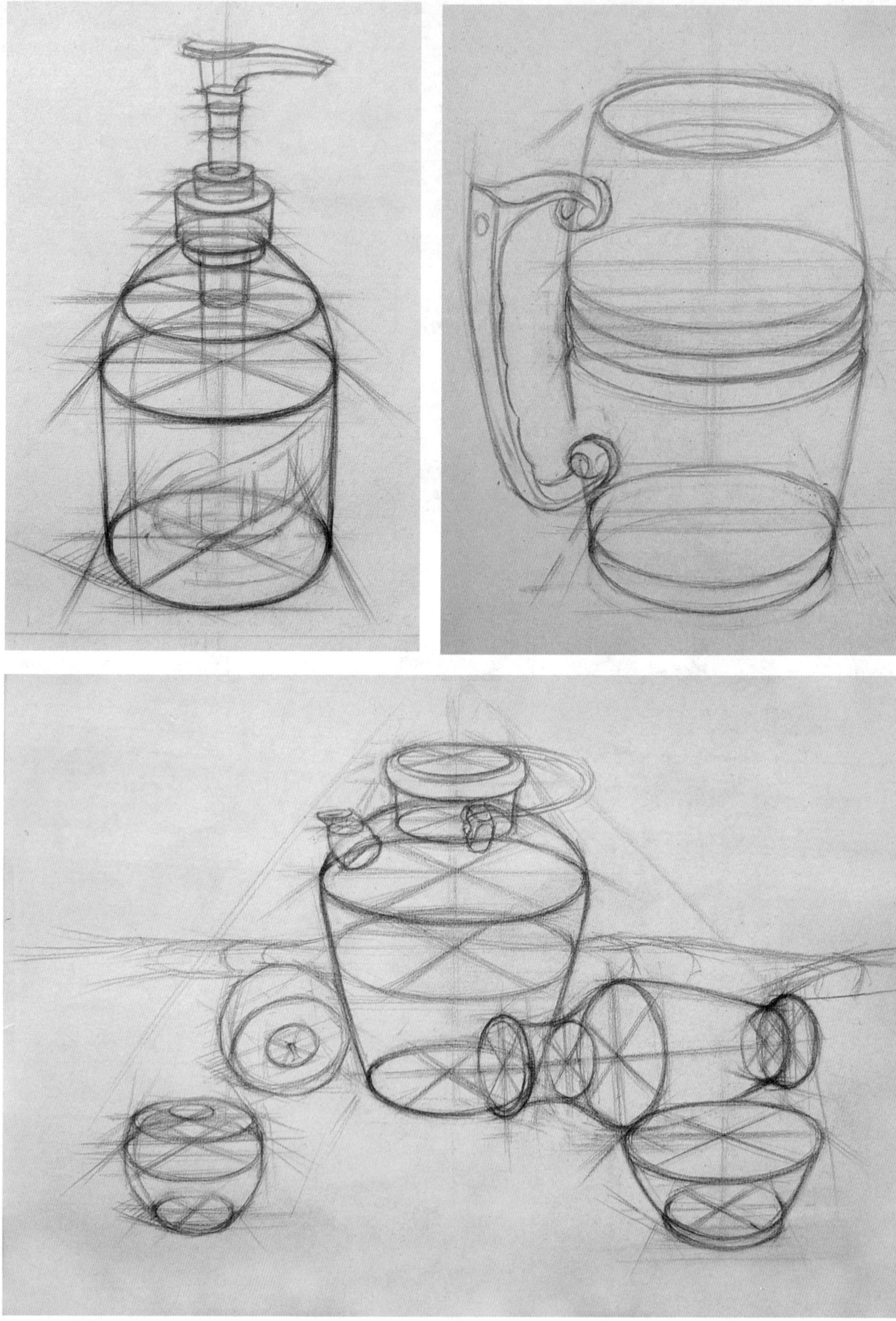

图 2–13　结构素描作品（2）　胡建超　作

图 2–14　结构素描作品（3）　国外某产品设计公司作品

图 2-15　结构素描作品（4）　蒲军（上图）、方明宇（下图）　作

图 2–16　结构素描作品（5）　张静（左图）、陈小春（右图）　作

思考题

1. 什么是结构素描？
2. 绘制结构素描 3 幅。

第三章 产品设计手绘快速表现技法

第一节　单色线稿手绘快速表现技法

产品设计手绘快速表现技法需要在作画过程中快速而准确地表现对象的形体特征，形体造型的严谨与否是表现的核心。产品设计手绘快速表现技法与普通绘画是有一定区别的，它不能将表现对象随意地夸张和变形，必须严格地遵守表现对象的比例、尺寸和材质，这就要求作画者应该具备较强的造型能力，准确而真实地表现出形体的特征。并在此基础上，通过色彩对形体进行艺术化的处理，使之更加生动，更具艺术美感。

产品设计手绘快速表现技法可分为单色线稿手绘快速表现技法和复色线稿手绘快速表现技法。单色线稿手绘快速表现技法即通过单一的一个色彩或一个色系结合钢笔线条来表现对象的手绘技法。其特点是以钢笔线条为主，色彩为辅，着重表现形体的结构特征和立体空间关系，画面效果清新、素雅、简洁、明快。复色线稿手绘快速表现技法即通过色彩的叠加与组合结合钢笔线条来表现对象的手绘技法。其特点是以色彩表现为主，钢笔线条为辅，着重表现形体的色彩关系和整体感，画面效果真实、生动、美观、大方。

单色线稿手绘快速表现技法的表现要点包括以下内容。

（1）钢笔线条的表现要求表达出严谨性和艺术感兼而有之的效果。如形体结构的合理表达、透视比例的准确把握、材料质感的真实表现、线条的统一与变化（包括粗细、虚实、疏密、韵律）等。

（2）色彩的处理必须单一，体现出纯净感，以表现形体的素描关系为主，弱化色彩关系。

（3）准确表达出不同的色彩工具的效果，如铅笔的细腻、马克笔的粗旷、水彩的玲珑剔透等。

（4）注重形体的整体效果，减少不必要的细节处理。

单色线稿手绘快速表现技法示范作品如图 3-1～图 3-20 所示。

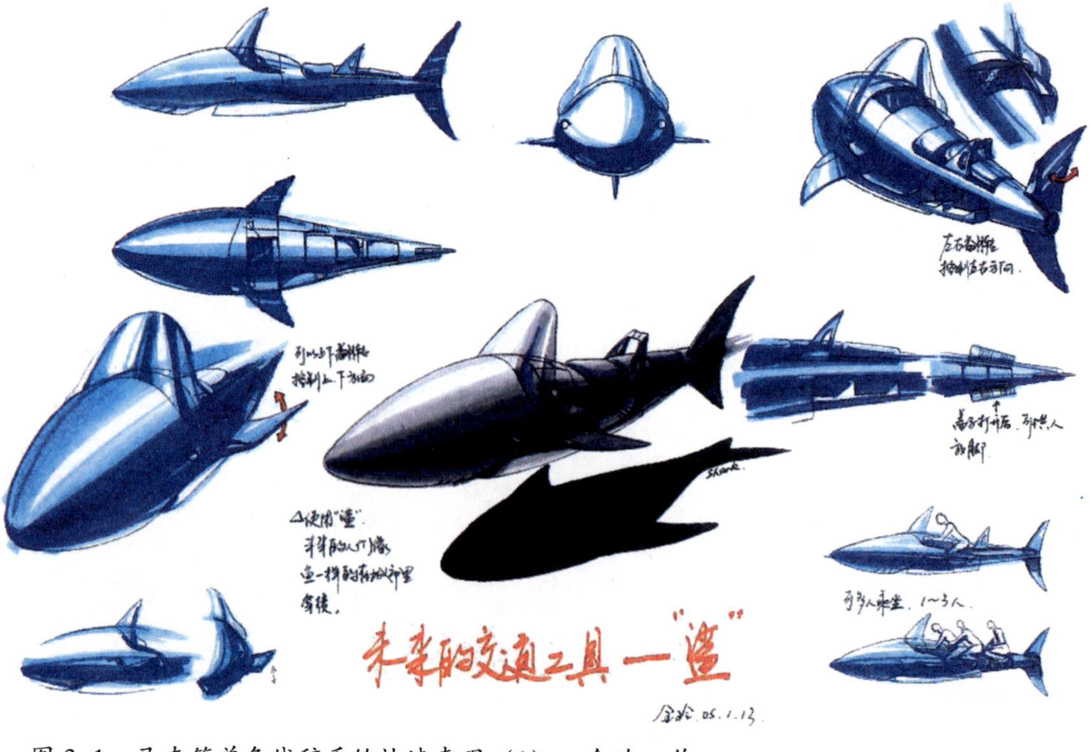

图 3-1　马克笔单色线稿手绘快速表现（1）　金玲　作

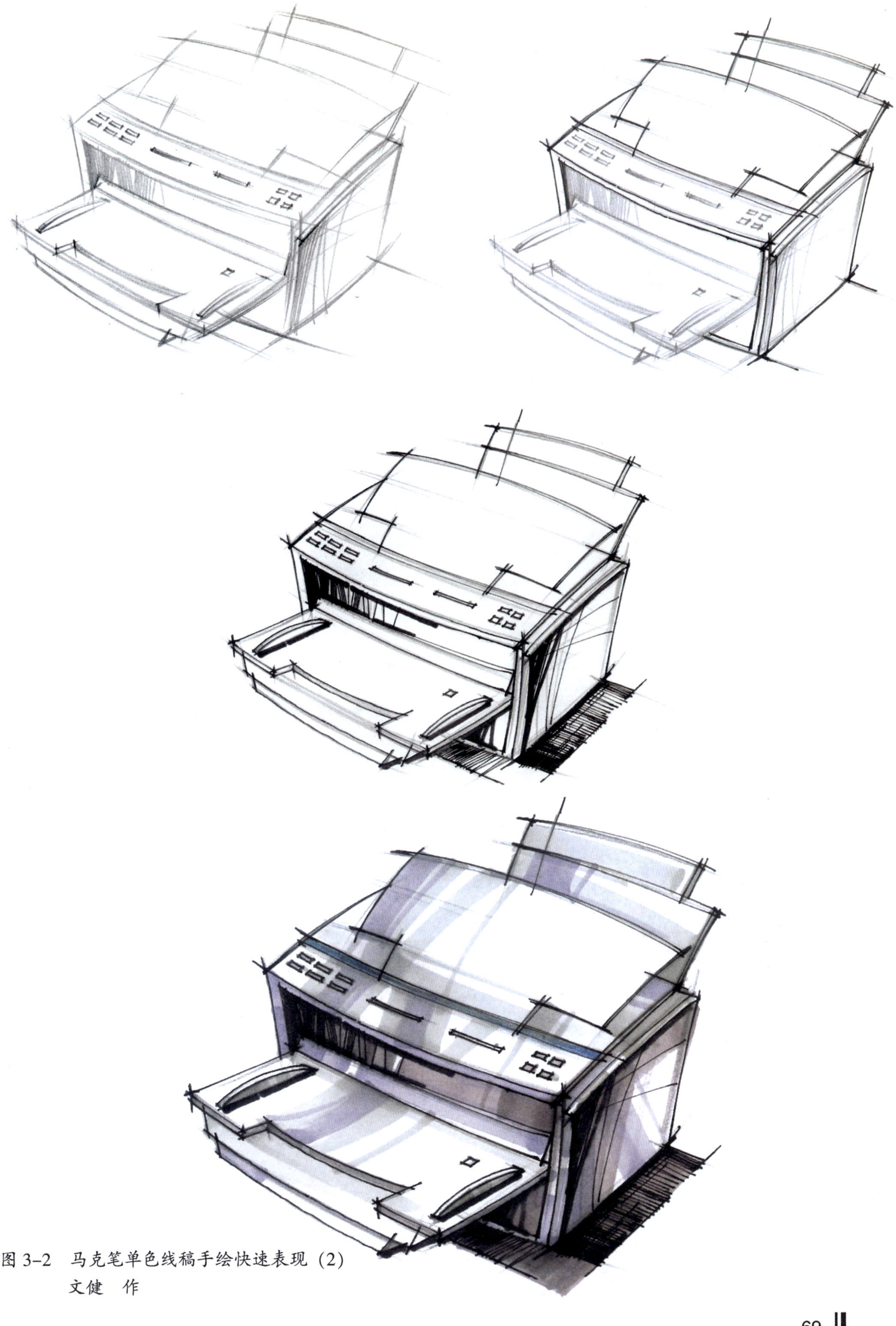

图 3-2　马克笔单色线稿手绘快速表现 (2)
　　　文健　作

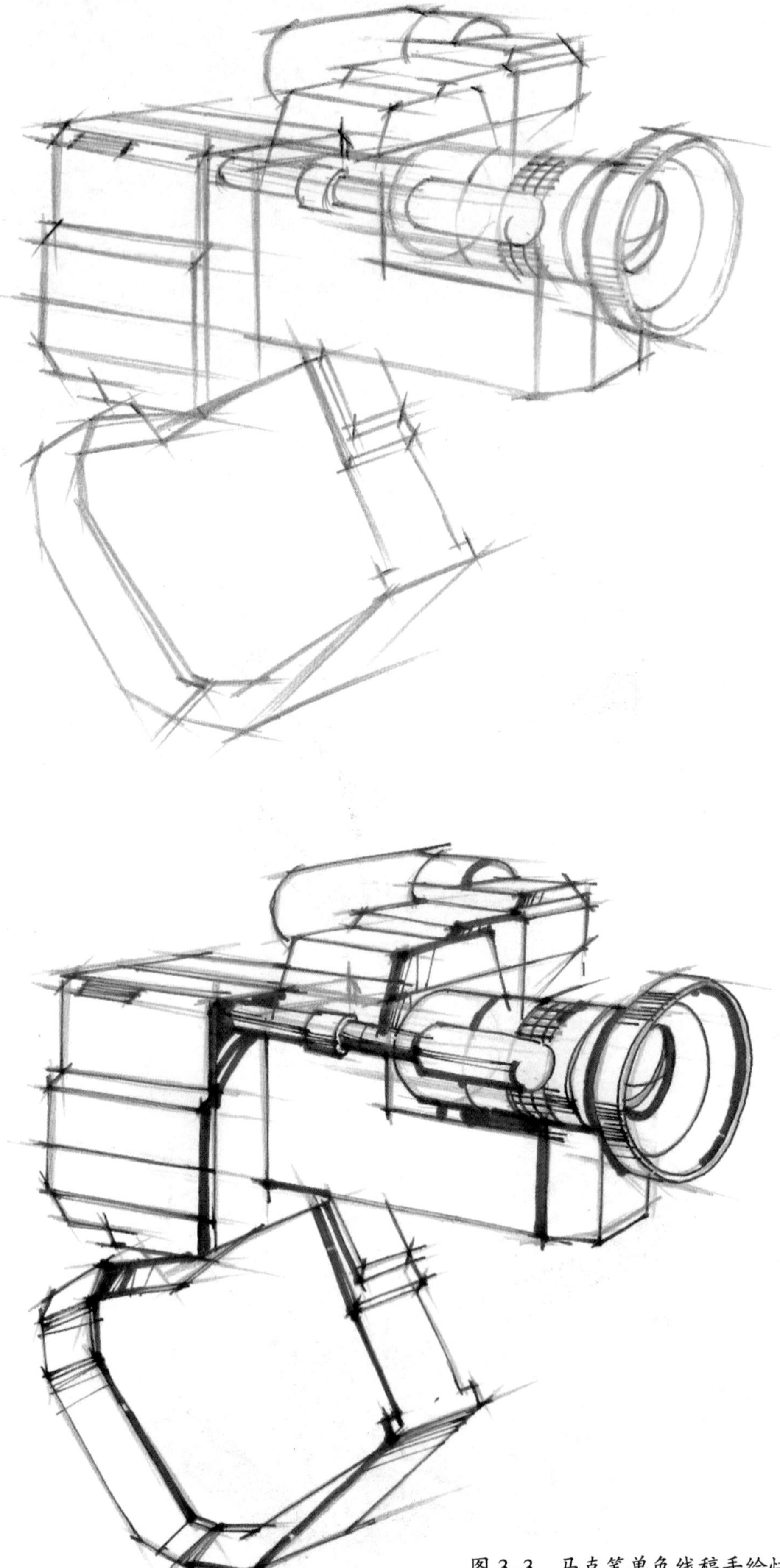

图 3–3　马克笔单色线稿手绘快速表现（3）　文健　作

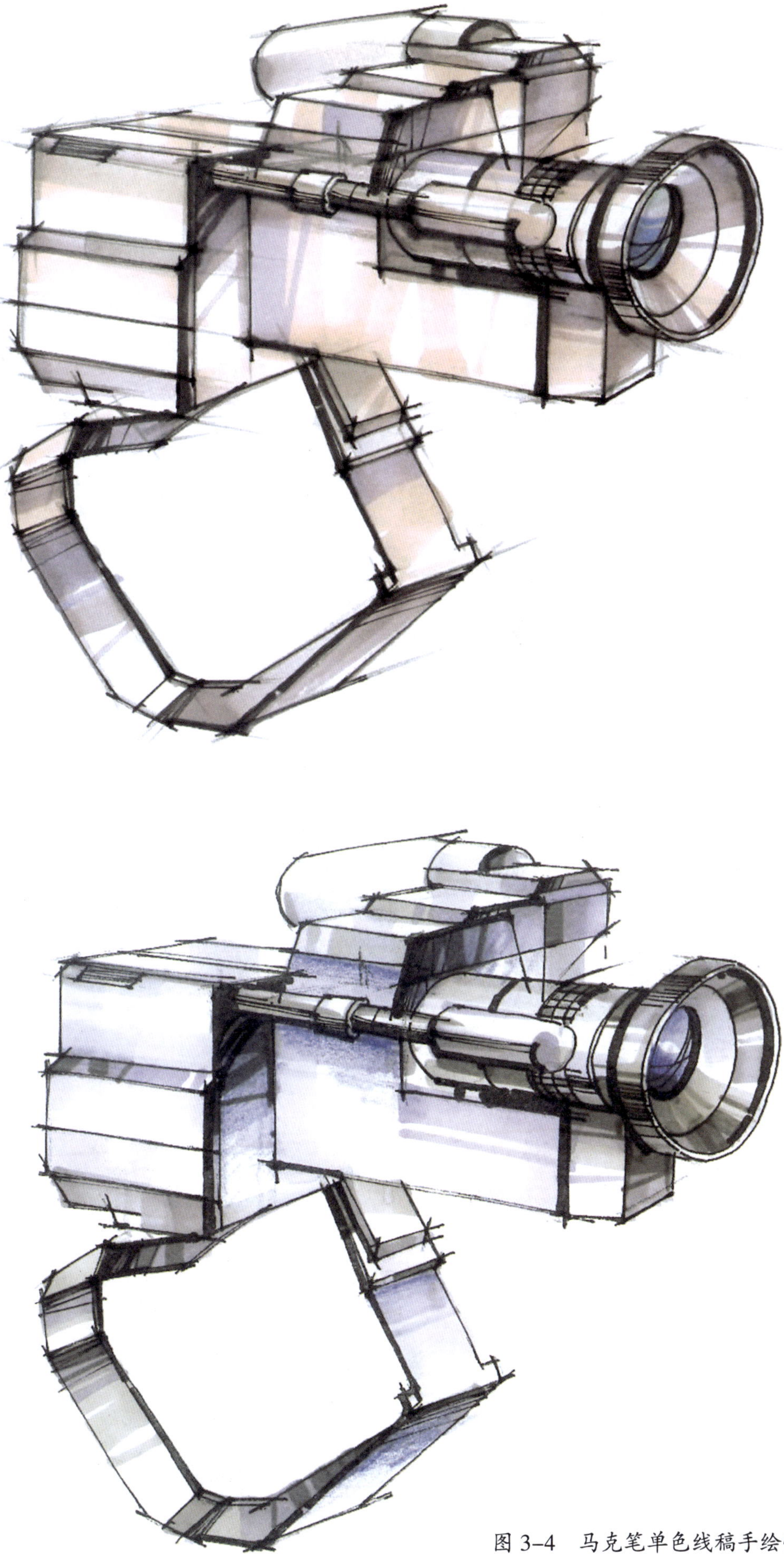

图 3-4　马克笔单色线稿手绘快速表现（4）　文健　作

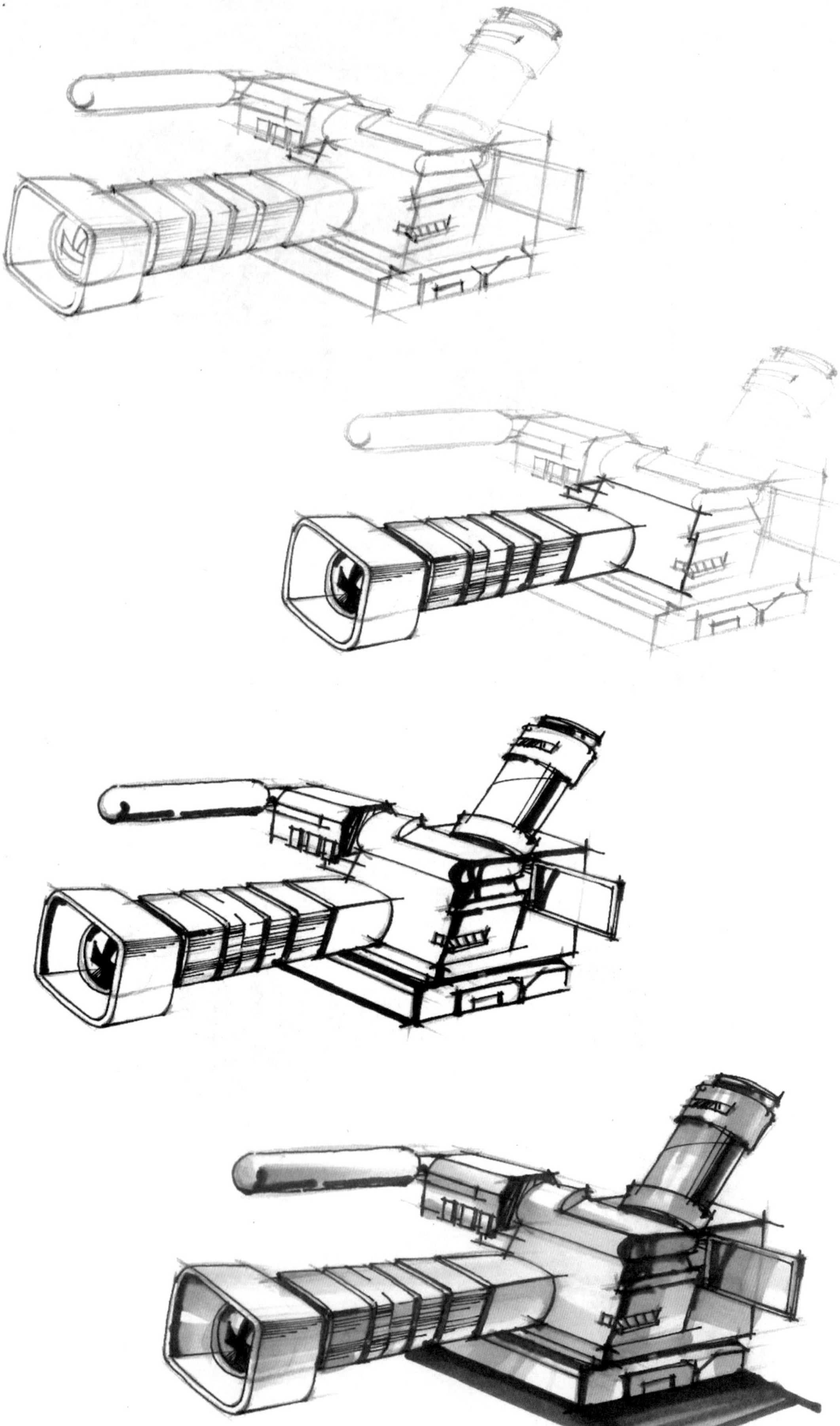

图 3-5　马克笔单色线稿手绘快速表现 (5)　文健　作

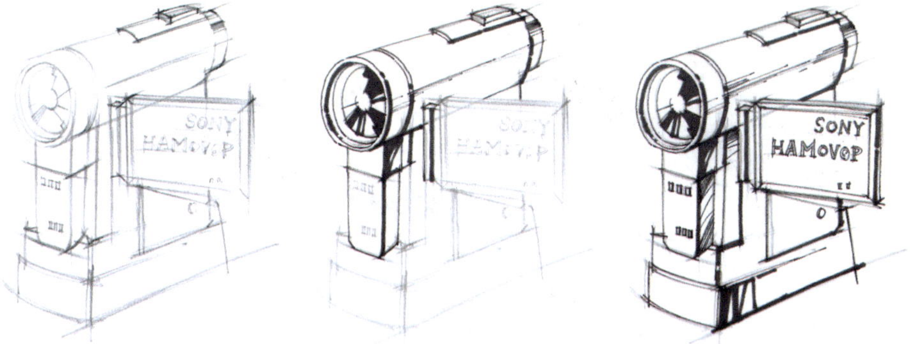

图 3-6　马克笔单色线稿手绘快速表现（6）　文健　作

图 3-7　马克笔单色线稿手绘快速表现（7）　曾海鹰　作

图 3–8　马克笔单色线稿手绘快速表现 (8)　　文健　作

图 3–9　铅笔单色线稿手绘快速表现 (1)

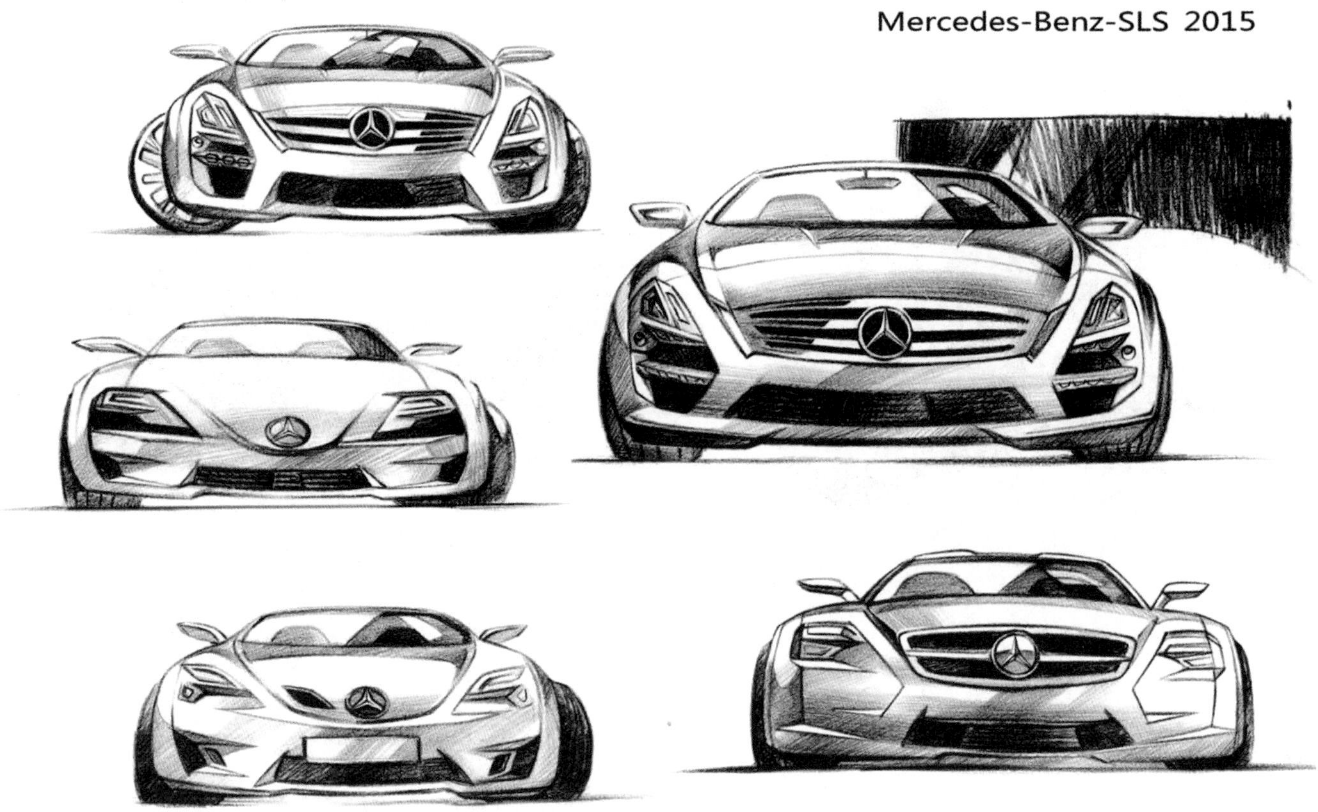

图 3–10　铅笔单色线稿手绘快速表现（2）

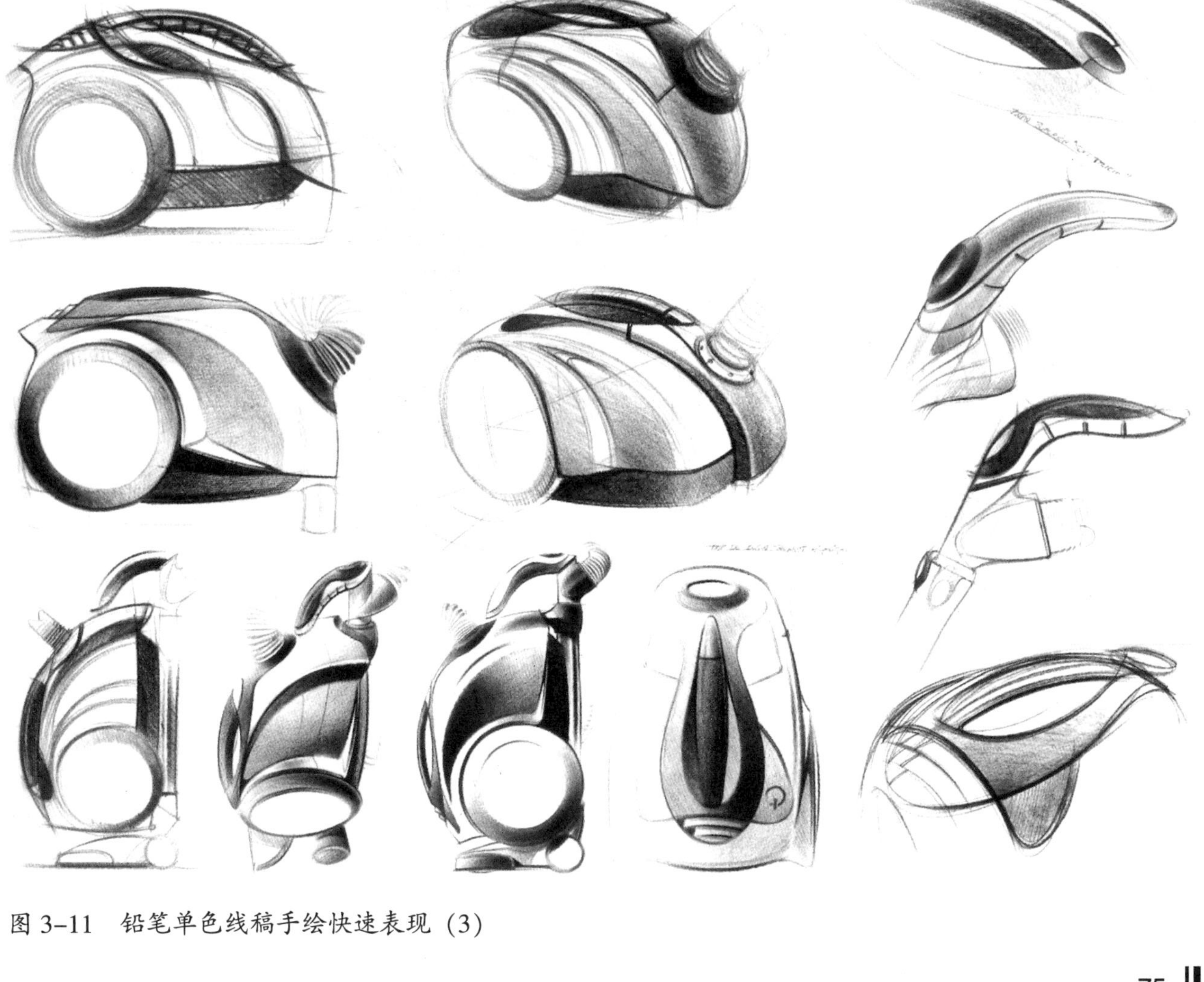

图 3–11　铅笔单色线稿手绘快速表现（3）

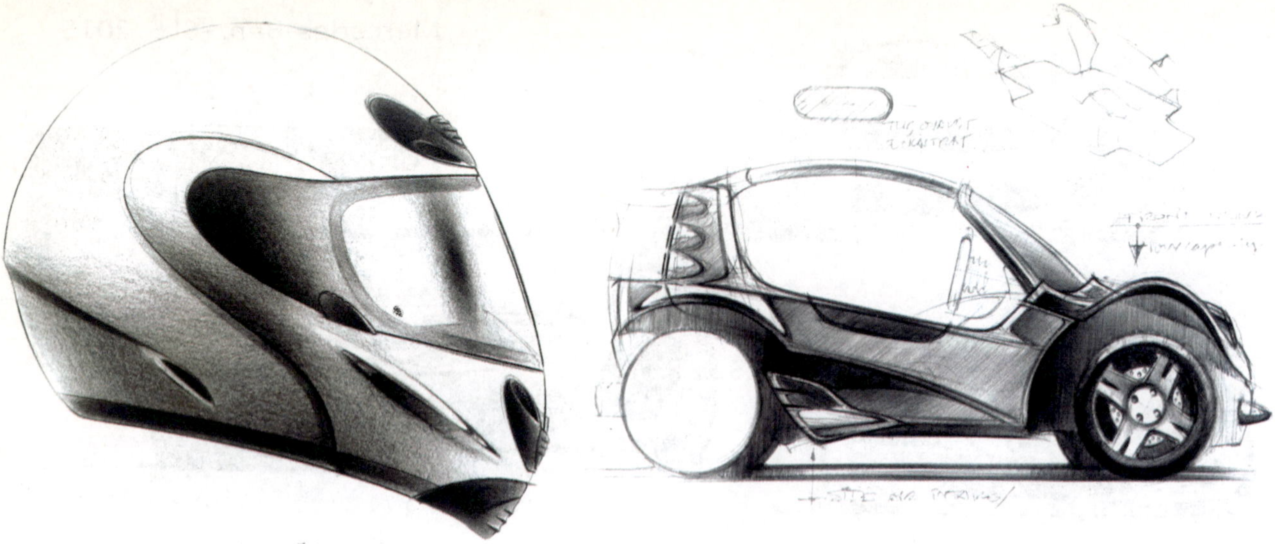

图 3-12　铅笔单色线稿手绘快速表现（4）

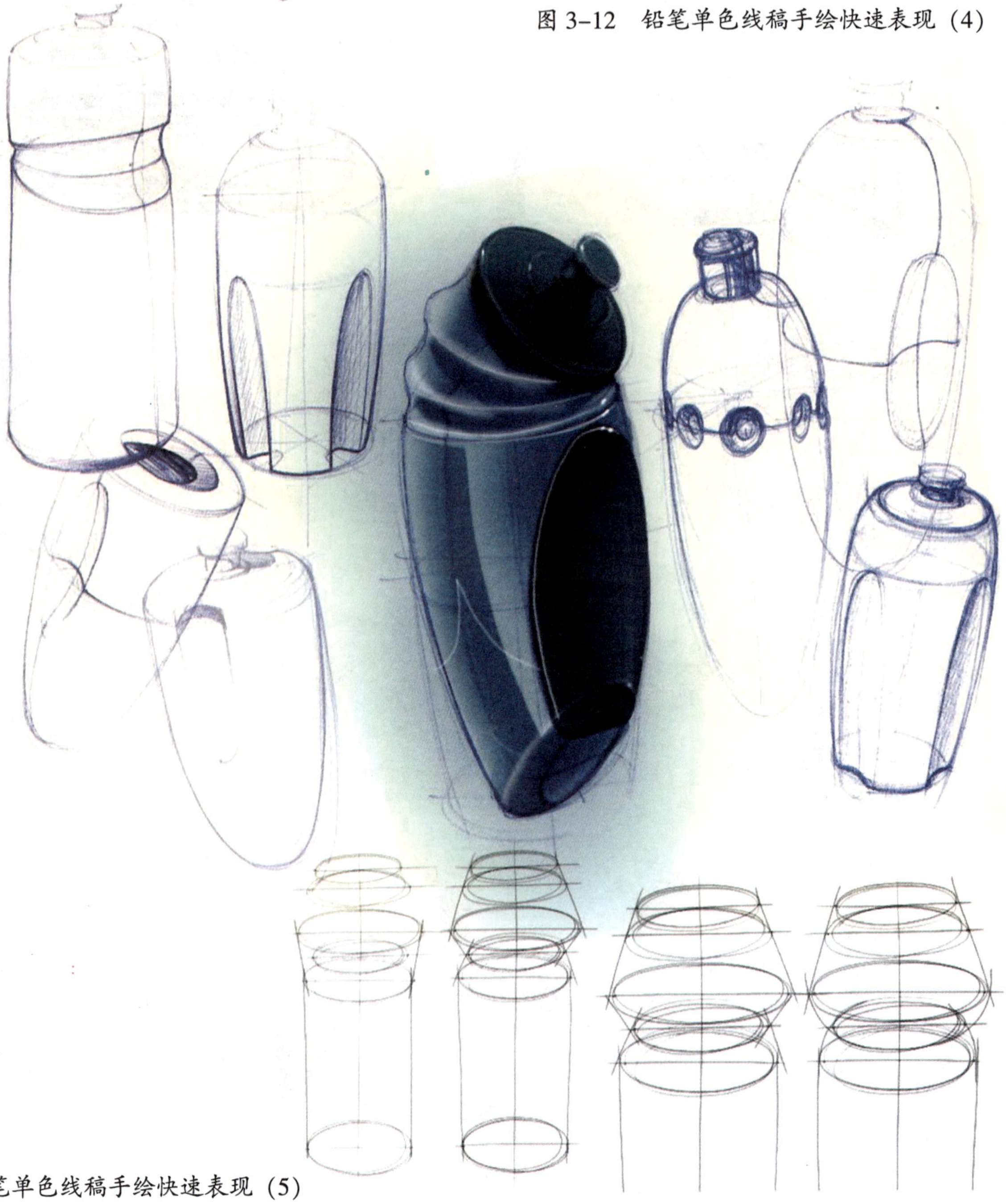

图 3-13　铅笔单色线稿手绘快速表现（5）

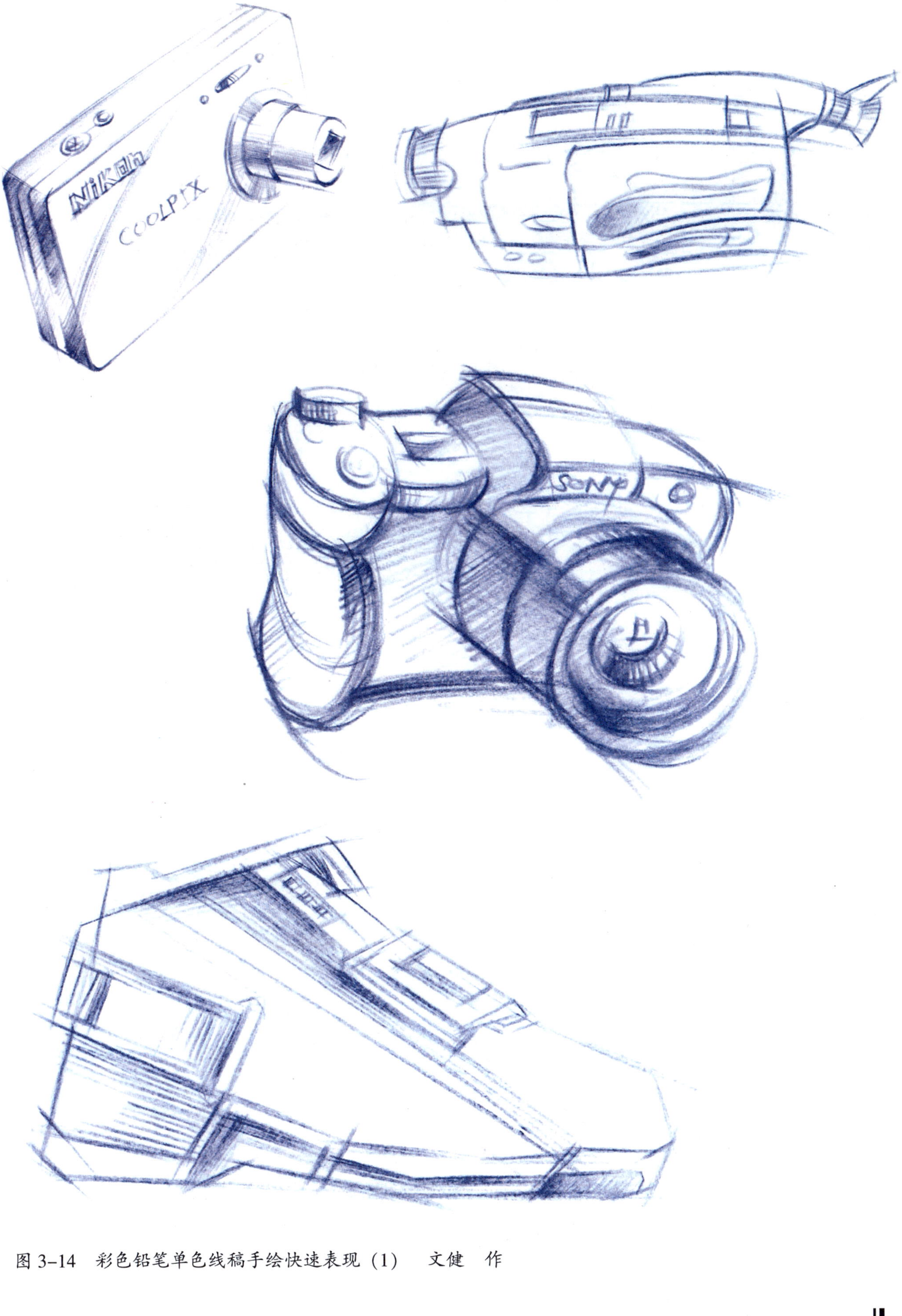

图 3-14　彩色铅笔单色线稿手绘快速表现（1）　文健　作

图 3-15　彩色铅笔单色线稿手绘快速表现（2）

图 3-16　水彩单色线稿手绘快速表现（1）

图 3-17　水彩单色线稿手绘快速表现（2）　杨锋　作

图 3-18　综合工具单色线稿手绘快速表现（1）

图 3–19　综合工具单色线稿手绘快速表现（2）

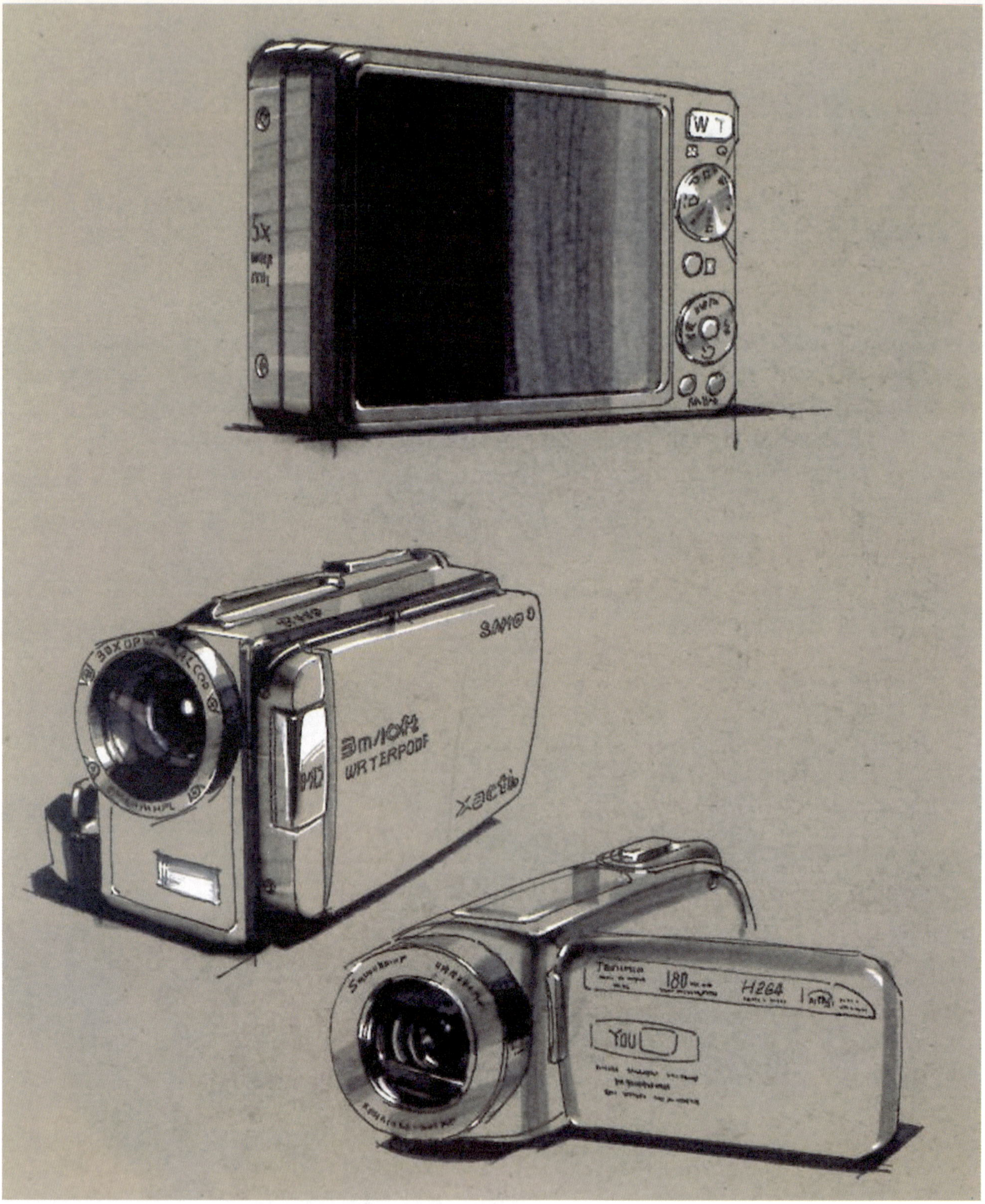

图 3-20　综合工具单色线稿手绘快速表现（3）　吴继新　作

思考题

1. 什么叫单色线稿手绘快速表现技法？它有哪些特点？
2. 绘制 5 幅单色线稿手绘快速表现技法作品。

第二节　复色线稿手绘快速表现技法

复色线稿手绘快速表现技法的表现要点包括以下内容。

(1) 钢笔线条的表现较简单，只需将形体的基本结构勾画出来即可，重点表现色彩的层次变化。

(2) 色彩的处理较深入，可以通过色相、明度和纯度的对比效果，表现出色彩的丰富性，如主体颜色为暖色，则背景颜色可以选择冷色，达到冷暖对比的效果；主体颜色浅，背景可以选择深色，增强空间感；主体颜色丰富、色彩艳丽，则背景可选择灰暗色，以突出主体，体现出主次关系。

(3) 通过对物体固有色、环境色和光源色的处理，强化画面的艺术感，使画面看上去更加生动、美观。

(4) 发挥不同色彩工具的优点，并将之很好地组合起来，表现出色彩的细腻层次。

复色线稿手绘快速表现技法示范作品如图 3-21～图 3-28 所示。

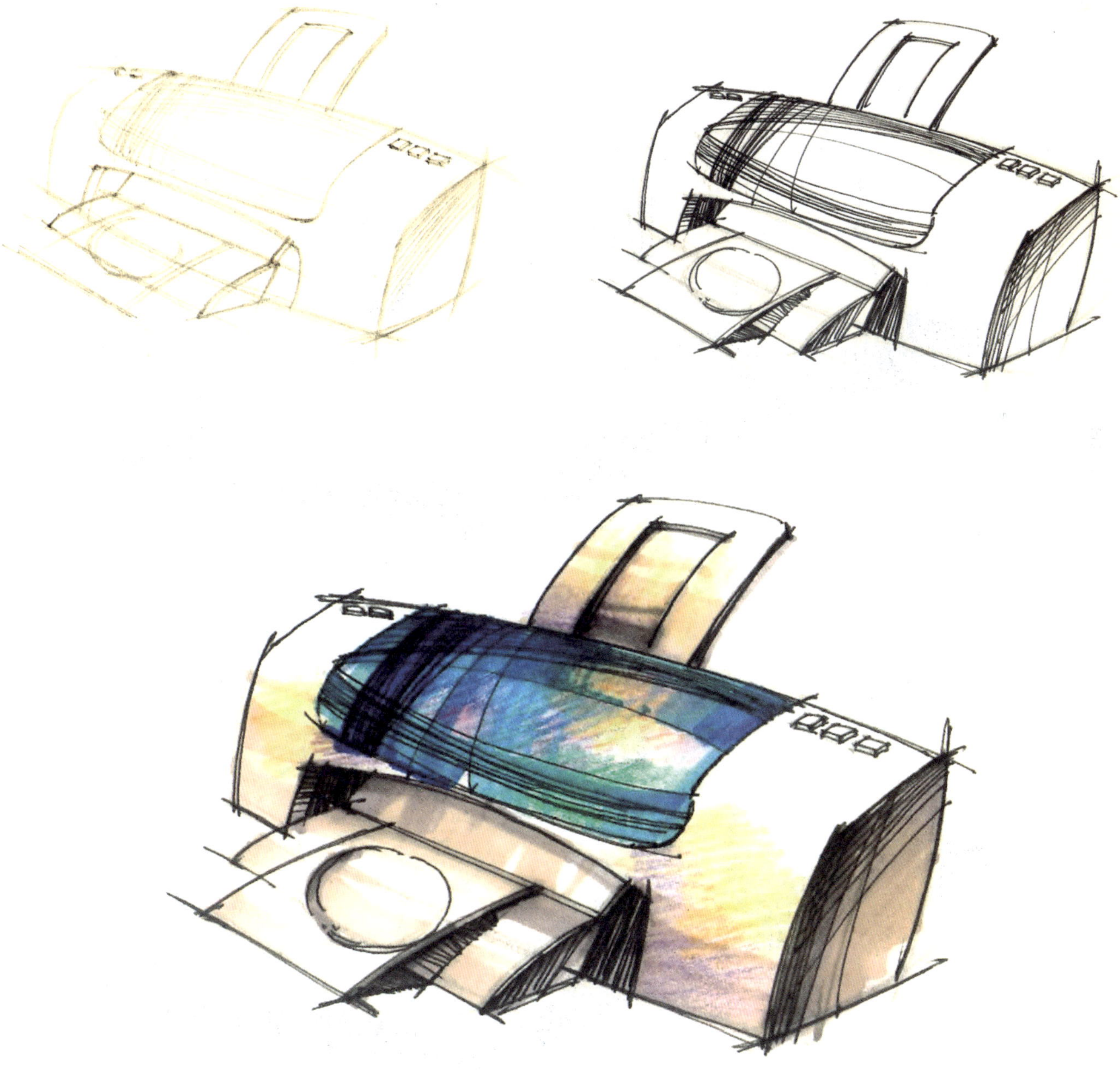

图 3-21　复色线稿手绘快速表现 (1)　文健　作

图 3–22 复色线稿手绘快速表现（2） 文健 作

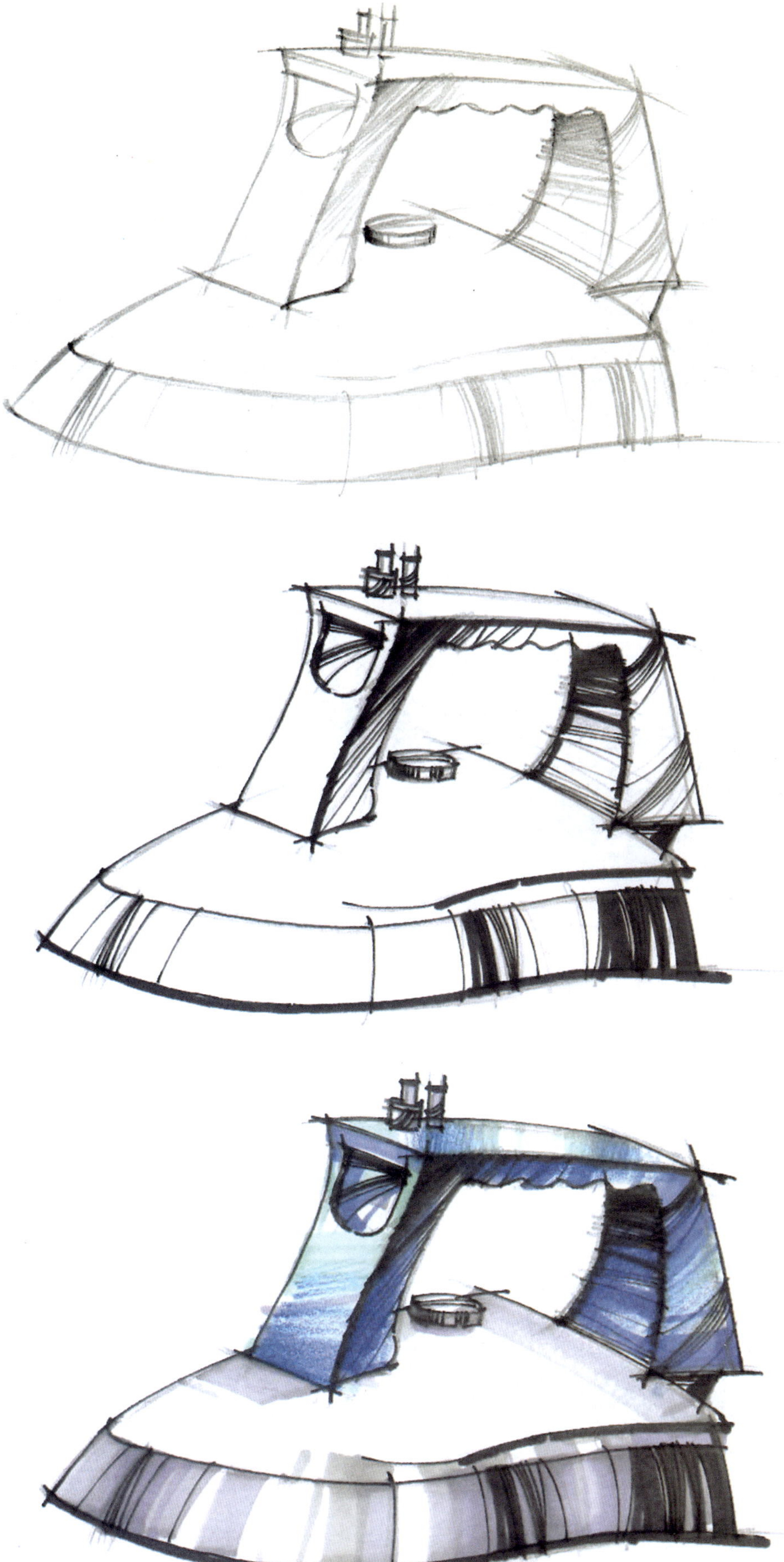

图 3-23　复色线稿手绘快速表现（3）　文健　作

图 3–24　复色线稿手绘快速表现（4）　胡小勇　作

图 3–25　复色线稿手绘快速表现（5）

图 3–26 复色线稿手绘快速表现（6） 吴继新 作

图 3–27　复色线稿手绘快速表现（7）

图 3-28 复色线稿手绘快速表现（8）

思考题

1. 复色线稿手绘快速表现技法的表现要点有哪些？
2. 绘制 5 幅复色线稿手绘快速表现作品。

第三节　产品设计与表现

一、交通工具设计与表现

1. 汽车设计与表现

汽车图片及其设计手绘表现如图 3-29～图 3-40 所示。

图 3-29　奥迪概念车设计

图 3–30　奔驰概念车设计

图 3-31　保时捷概念车设计

图 3-32　标志概念车设计

图 3-33　雷诺概念车设计

图 3–34 汽车设计手绘表现（1） 文健 作

图 3-35　汽车设计手绘表现（2）　文健　作

图 3–36 汽车设计手绘表现 (3) 文健 作

图 3-37　汽车设计手绘表现 (4)

图 3-38 汽车设计手绘表现 (5)

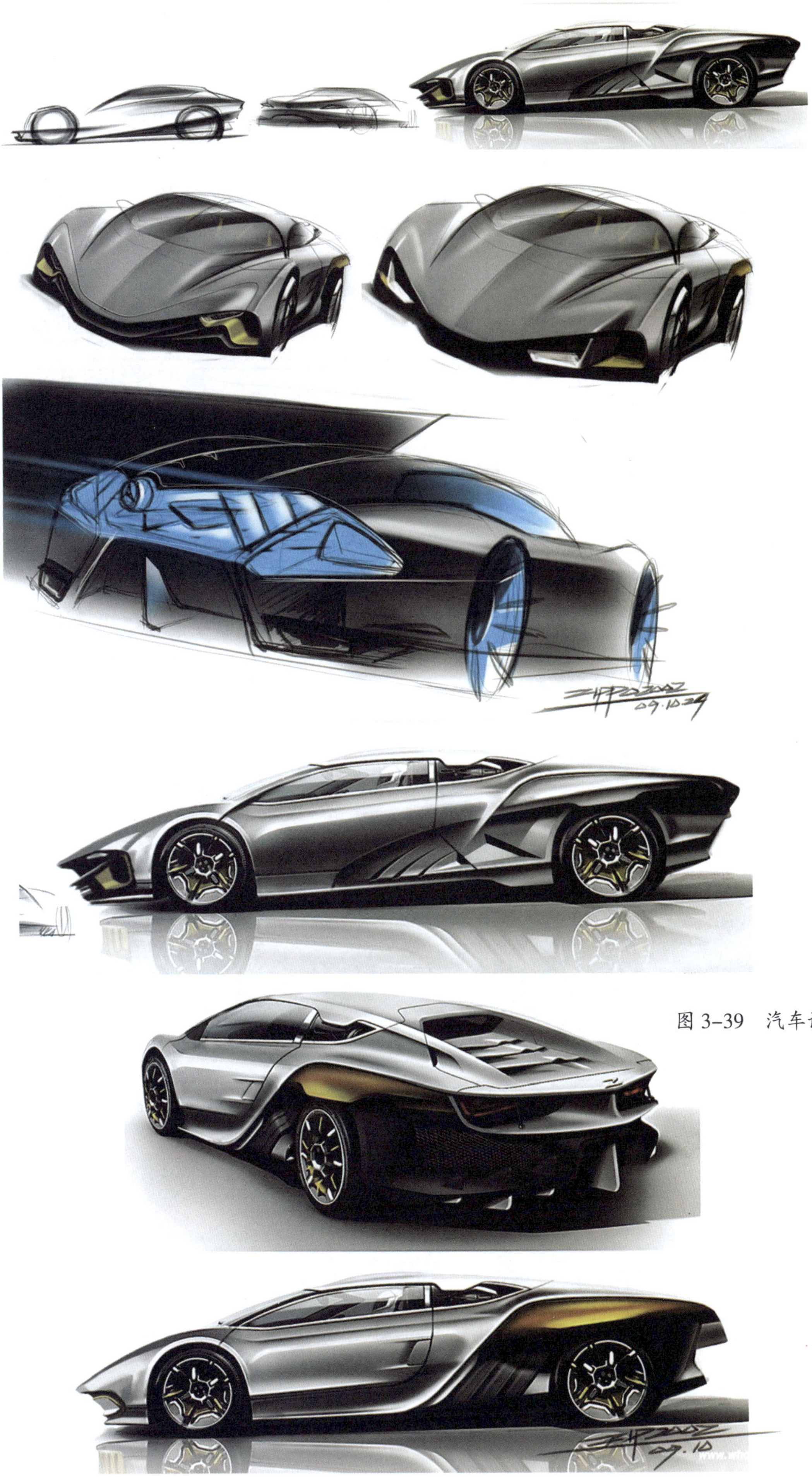

图 3-39　汽车设计手绘表现（6）

图 3-40　汽车设计手绘表现（7）

2. 摩托车和自行车设计与表现

摩托车和自行车图片及其设计手绘表现如图 3-41～图 3-48 所示。

图 3-41　摩托车设计

图 3-42　自行车设计

图 3-43　摩托车设计手绘表现（1）　文健　作

图 3-44　摩托车设计手绘表现（2）

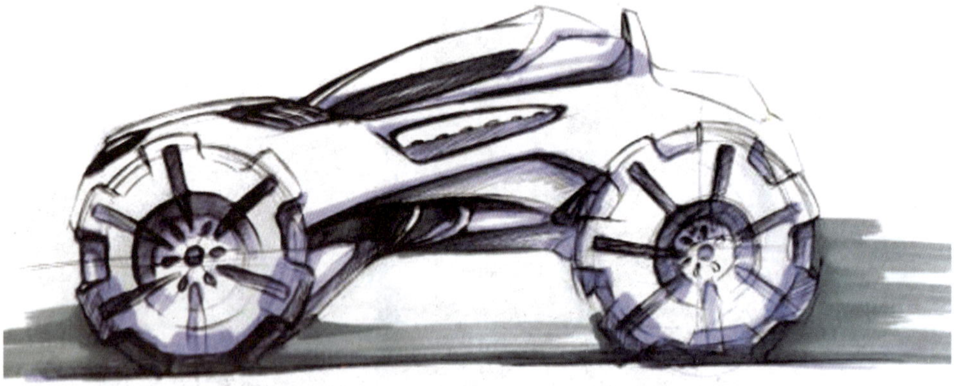

图 3-45　摩托车设计手绘表现（3）

图 3–46　摩托车设计手绘表现（4）

图 3–47　自行车设计手绘表现（1）　向立　作

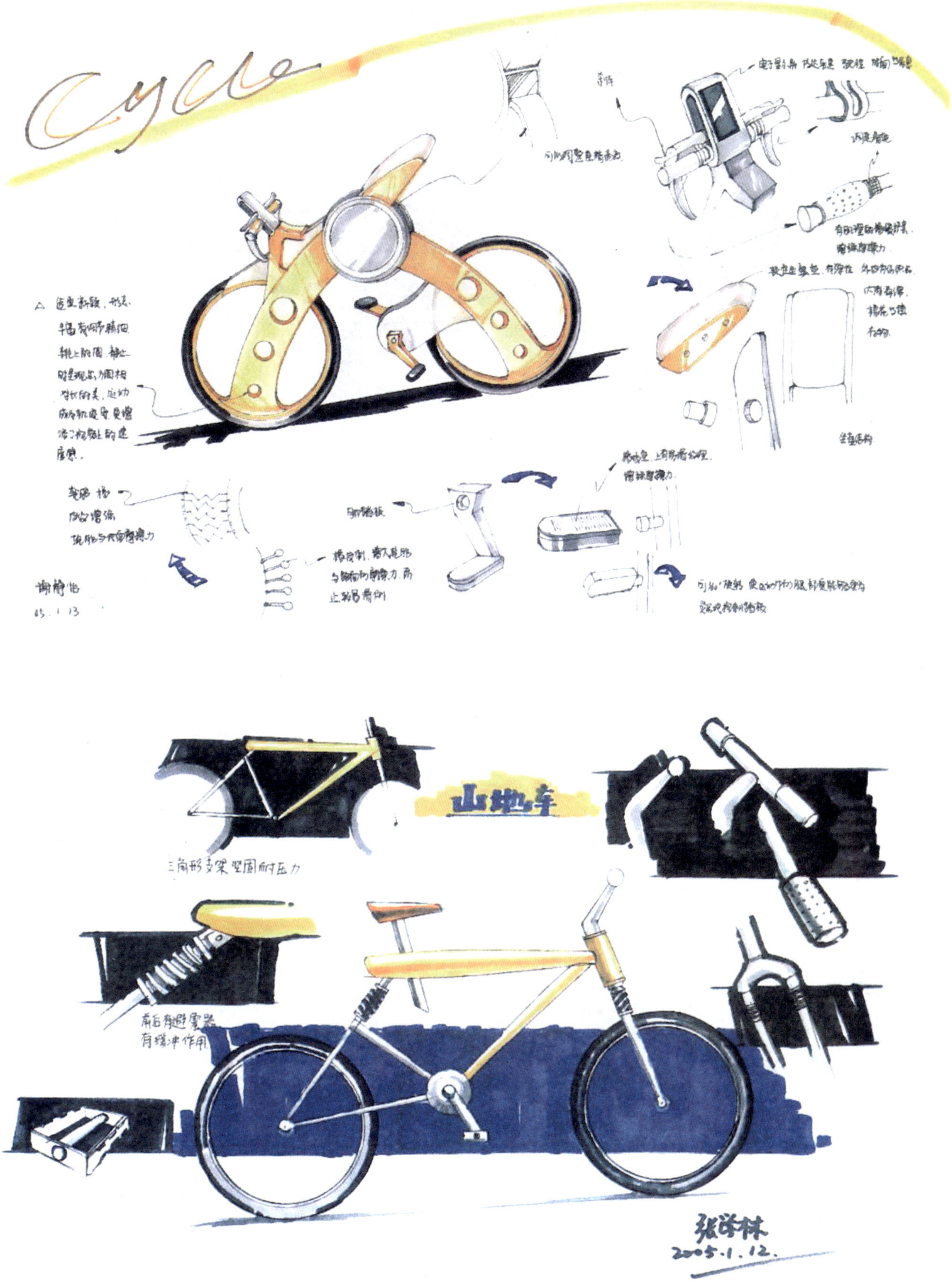

图 3-48　自行车设计手绘表现（2）　张学林　作

二、军事武器设计与表现

军事武器图片及其设计手绘表现如图 3-49～图 3-57 所示。

图 3-49　战斗机设计

图 3-50 坦克设计

图 3–51　步枪设计

图 3–52　手枪设计

图 3-53　飞机设计手绘表现（1）　文健　作

图 3–54　飞机设计手绘表现（2）　曾海鹰　作

图 3–55　坦克设计手绘表现

图 3-56　步枪设计手绘表现

图 3-57　手枪设计手绘表现　文健　作

三、 日用品设计与表现

1. 挂钟和手表设计与表现

挂钟和手表图片及其设计手绘表现如图 3-58～图 3-60 所示。

图 3-58　挂钟设计

GREUBEL FORSEY

TUESDAY
WEDNESDAY

60
CORUM
45
15

Grande sonnerie

ROLEX

图 3–59　手表设计

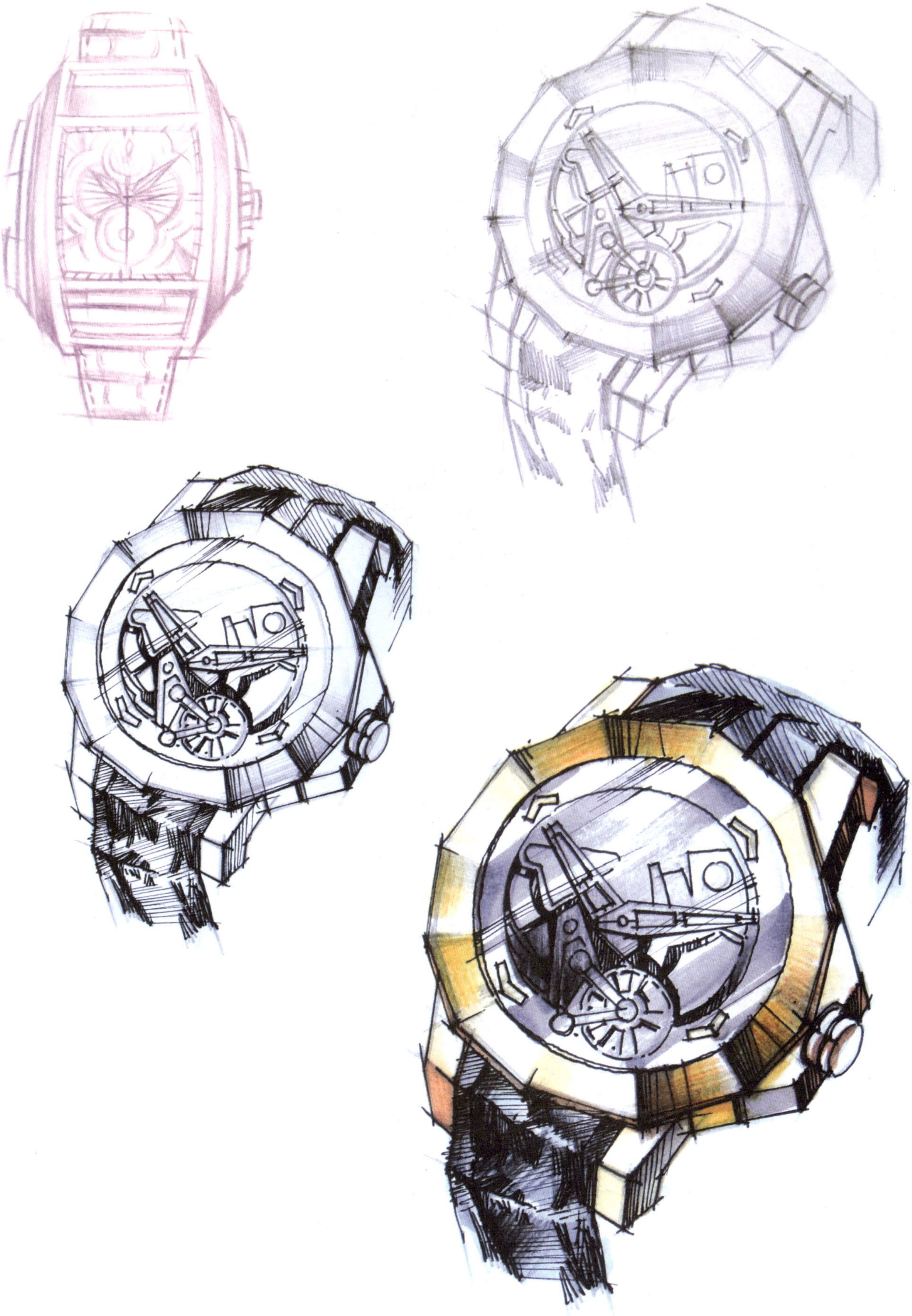

图 3-60　手表设计手绘表现　文健　作

2. 手机和相机设计与表现

手机和相机图片及其设计手绘表现如图 3-61～图 3-68 所示。

图 3-61　手机设计

IMAGE STABILIZER
ON/OFF

Carl Zeiss Vario-Tessar
3x OPTICAL ZOOM
SONY
Cyber-shot

16:15
Sony Ericsson

SONY

FUJIFILM
OPEN
15x
WIDE

18 24 35 55
ON
OFF

AVCHD
Canon
CANON HD VIDEO LENS

图 3-62　相机设计

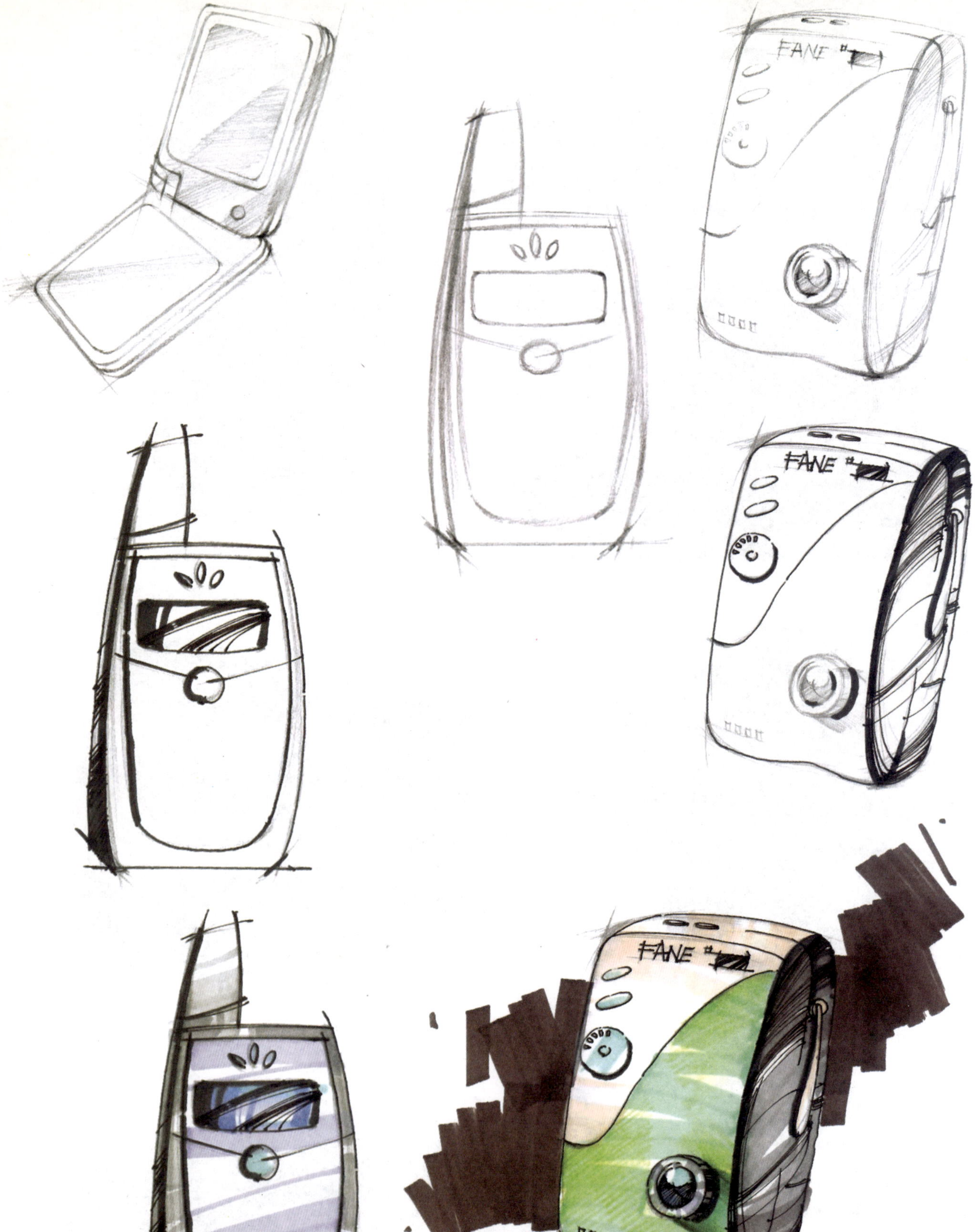

图 3-63　手机和相机设计手绘表现　文健　作

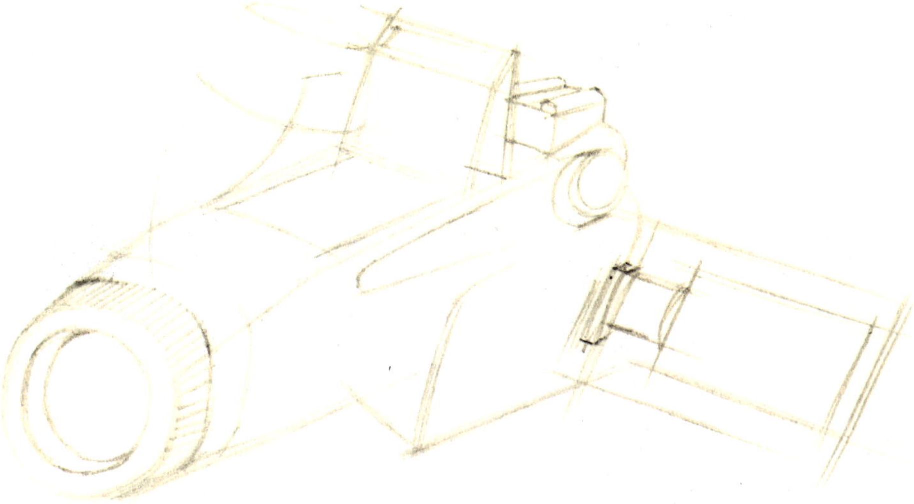

图 3-64 相机设计手绘表现 文健 作

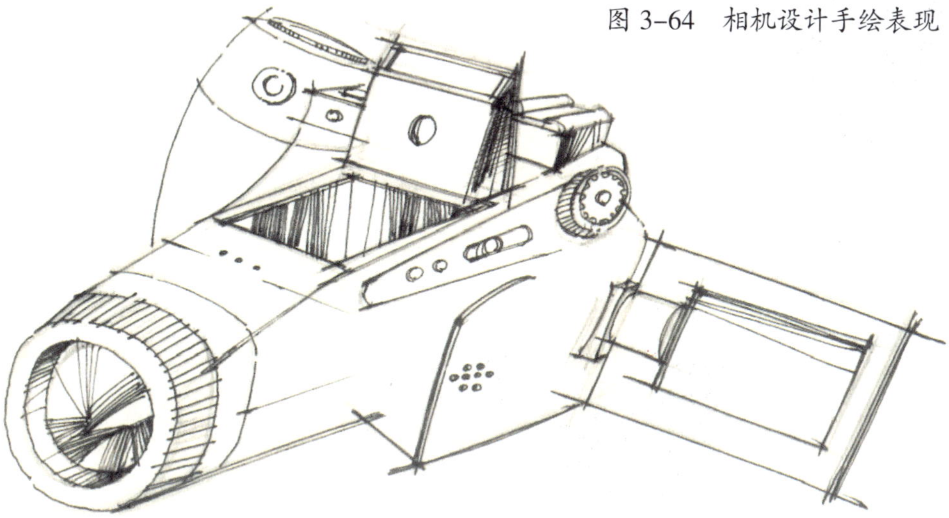

图 3–65 相机设计手绘表现

图 3-66　手机设计手绘表现（1）

图 3–67　手机设计手绘表现（2）

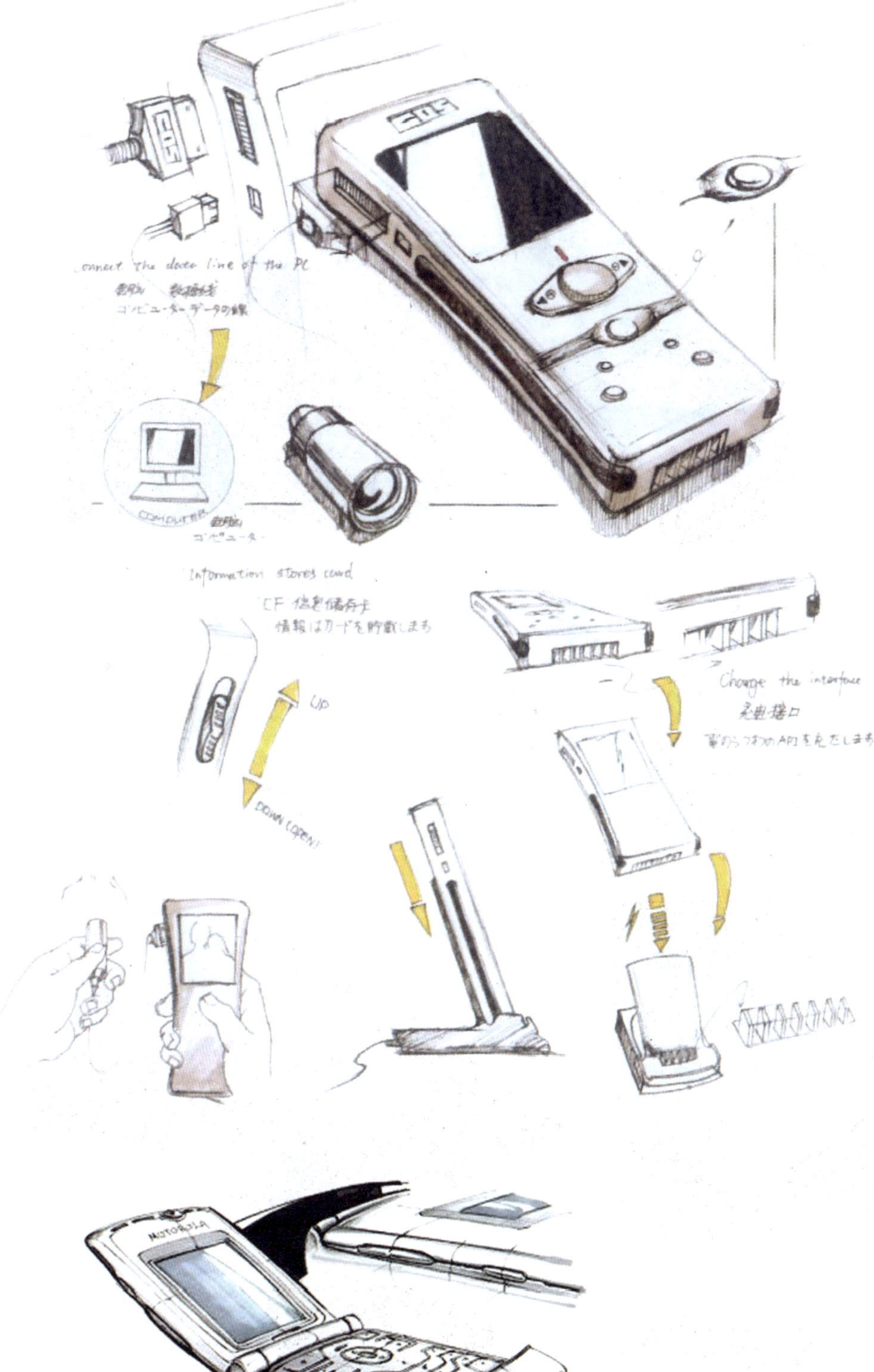

图 3–68　手机设计手绘表现（3）

3. 鼠标、耳机和 U 盘设计与表现

鼠标、耳机和 U 盘图片及其设计手绘表现如图 3-69～图 3-73 所示。

图 3-69　鼠标设计

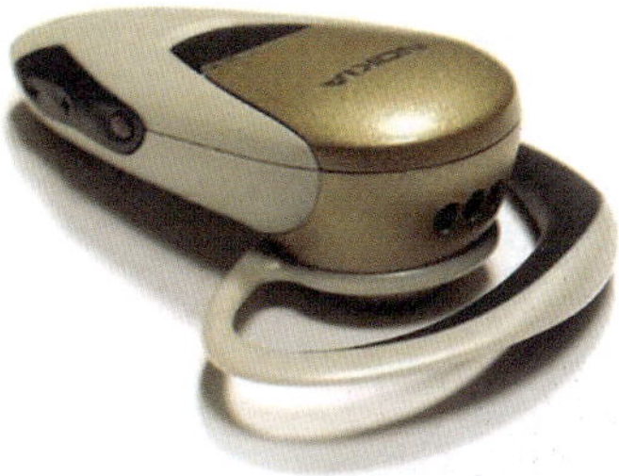

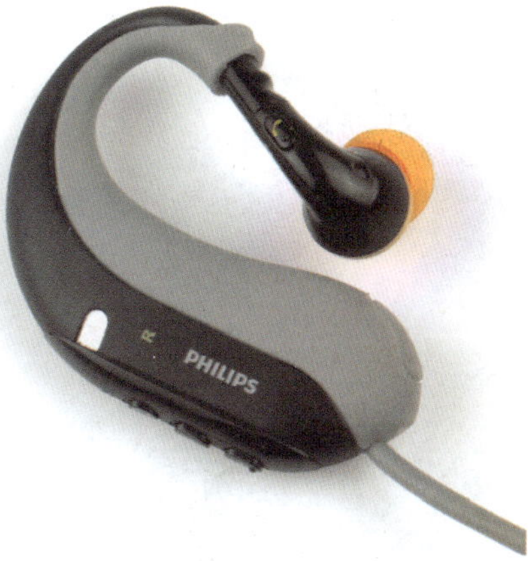

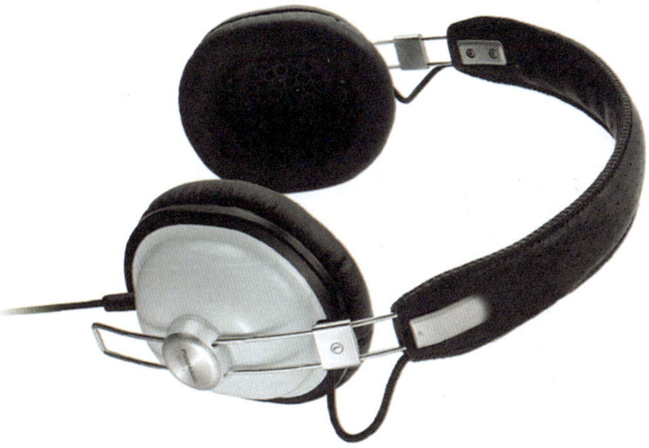

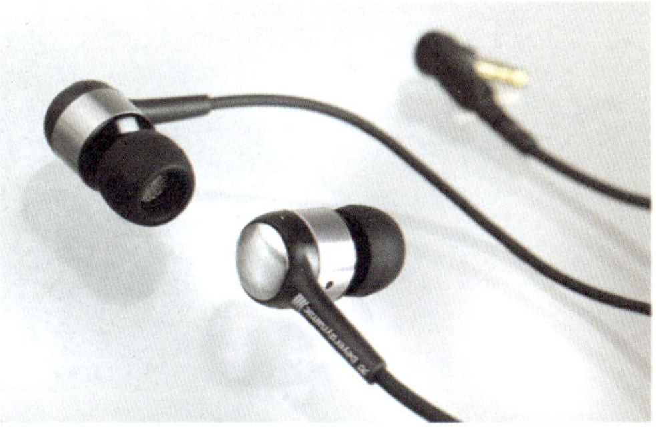

图 3-70　耳机设计

图 3-71　U 盘设计

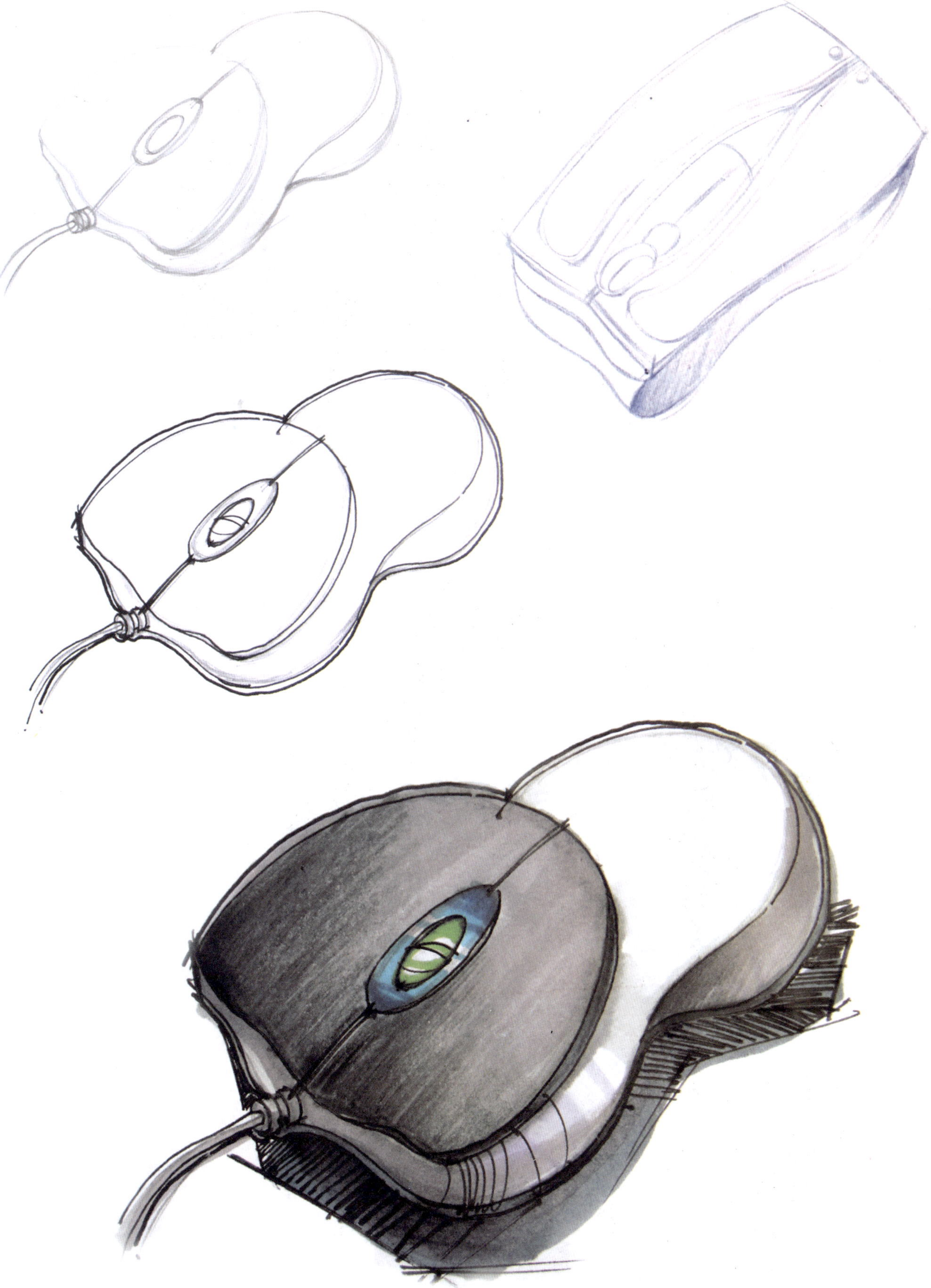

图 3-72　鼠标设计手绘表现　文健　作

图 3-73　耳机设计手绘表现　文健　作

4. 家用电器设计与表现

家用电器图片及其设计手绘表现如图 3–74～图 3–77 所示。

图 3–74　家用电器设计

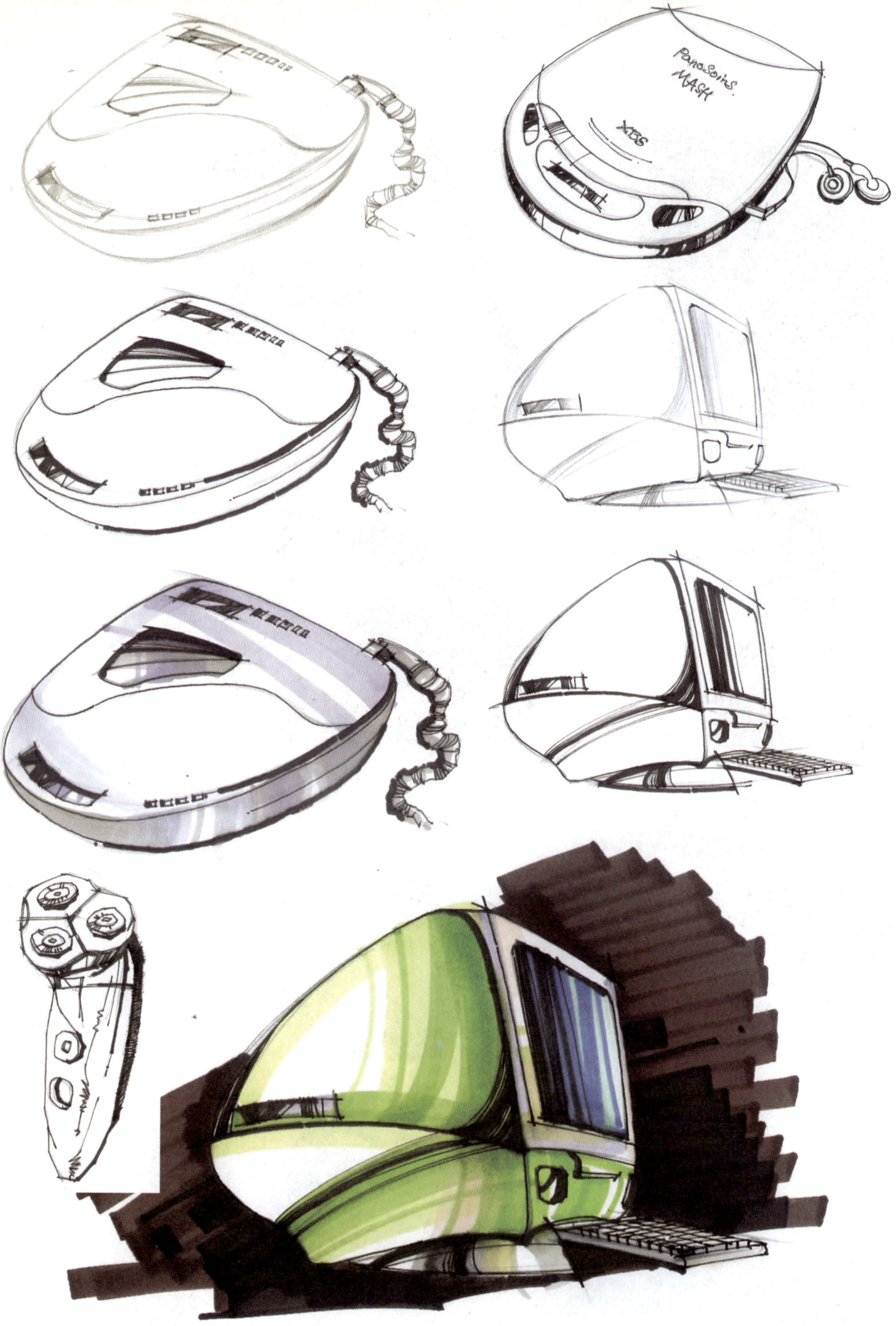

图 3–75　家用电器设计手绘表现（1）　文健　作

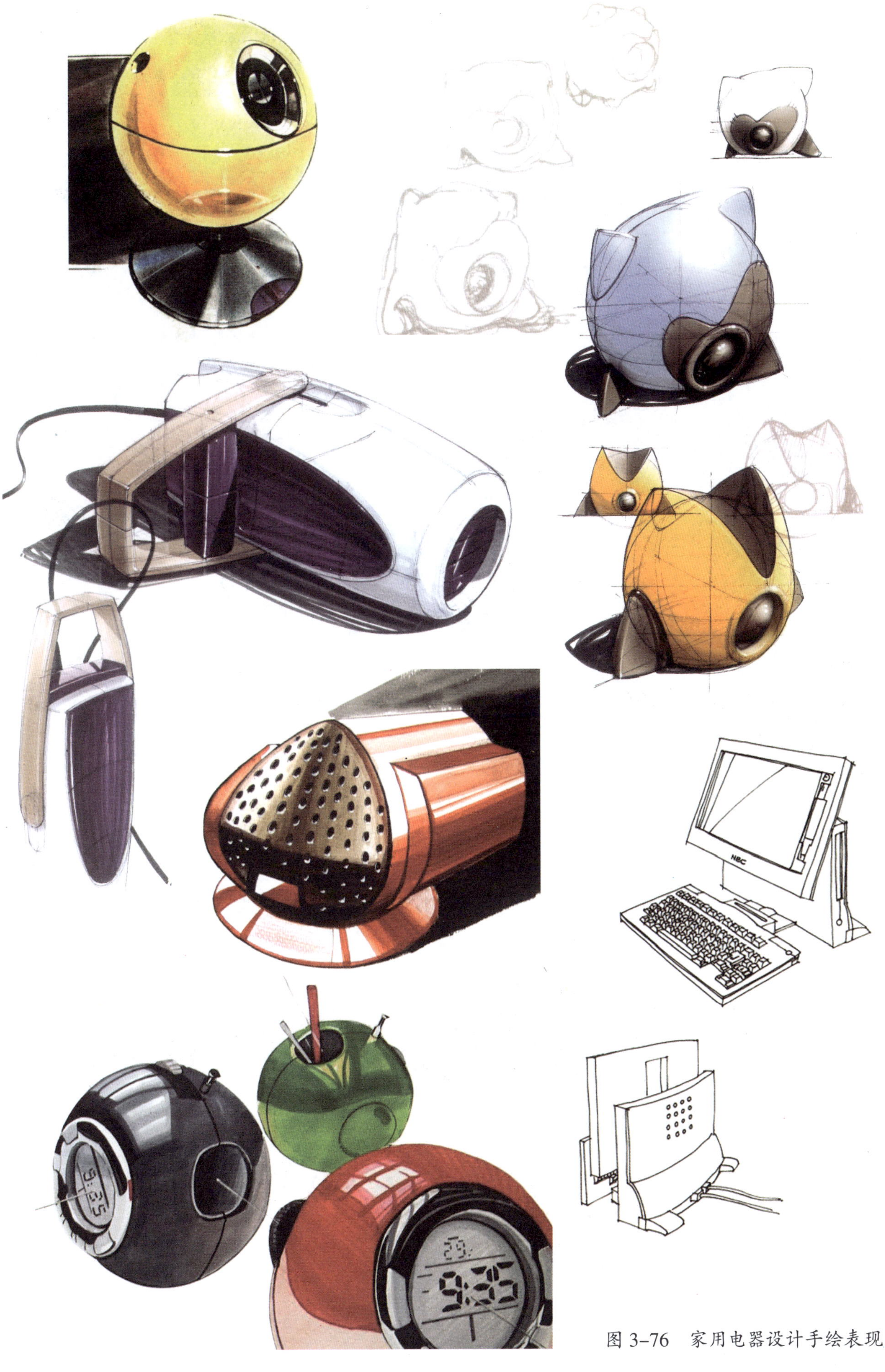

图 3-76　家用电器设计手绘表现（2）

图 3–77　家用电器设计手绘表现（3）

5. 玩具设计与表现

玩具图片及其设计手绘表现如图 3-78～图 3-81 所示。

图 3-78　玩具设计（1）

图 3–79　玩具设计（2）

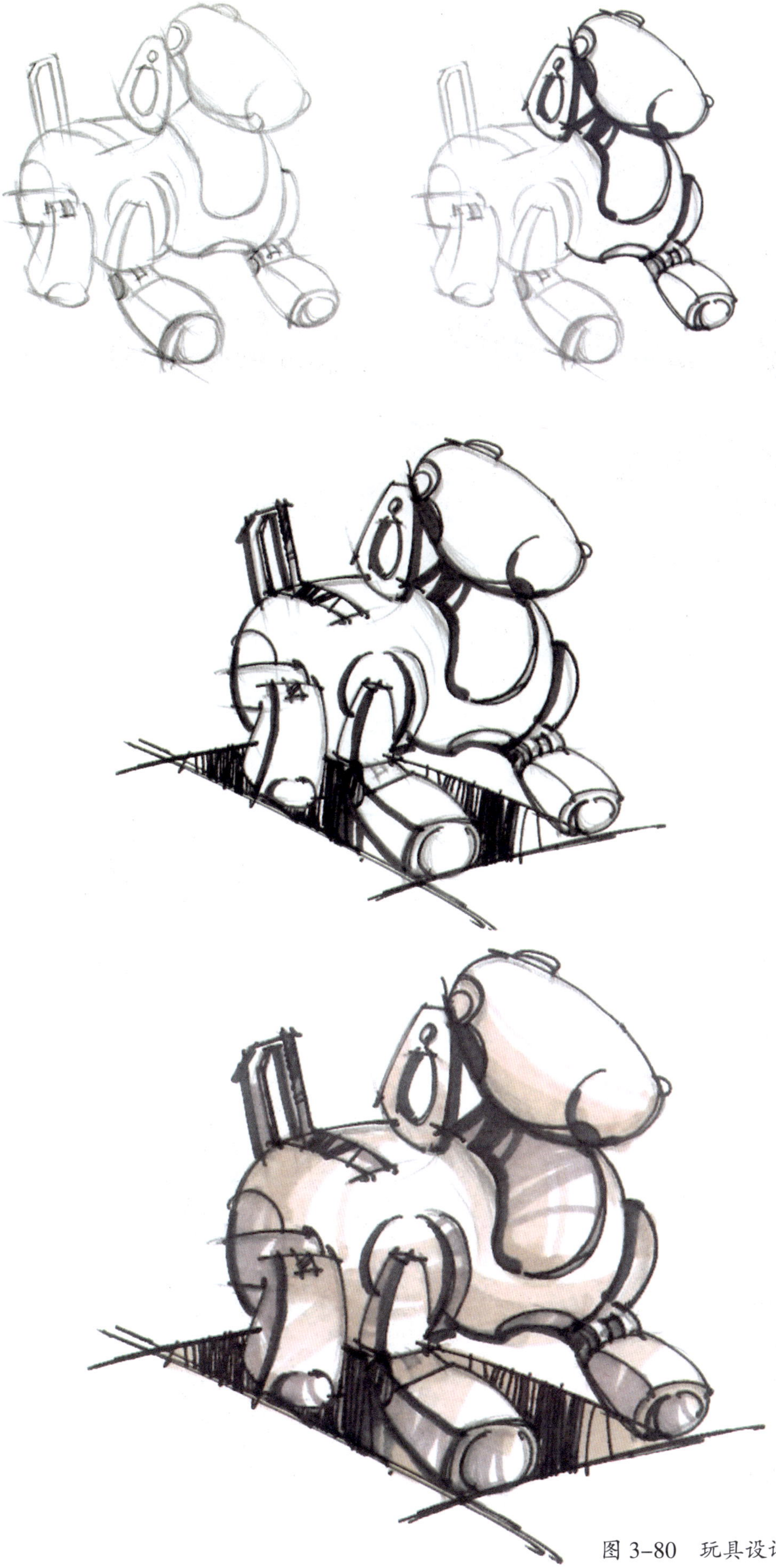

图 3-80　玩具设计手绘表现（1）　文健　作

图 3-81　玩具设计手绘表现（2）

6. 室内家具设计与表现

室内家具图片及其设计手绘表现如图 3-82～图 3-95 所示。

图 3-82　室内家具设计（1）

图 3-83　室内家具设计（2）

图 3-84　室内家具设计（3）

图 3-85　室内家具设计（4）

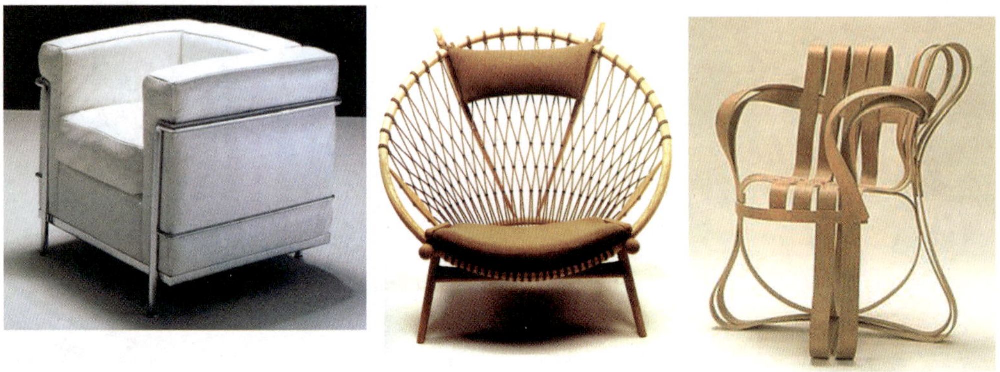

图 3-86　室内家具设计（5）

图 3-87　室内家具设计（6）

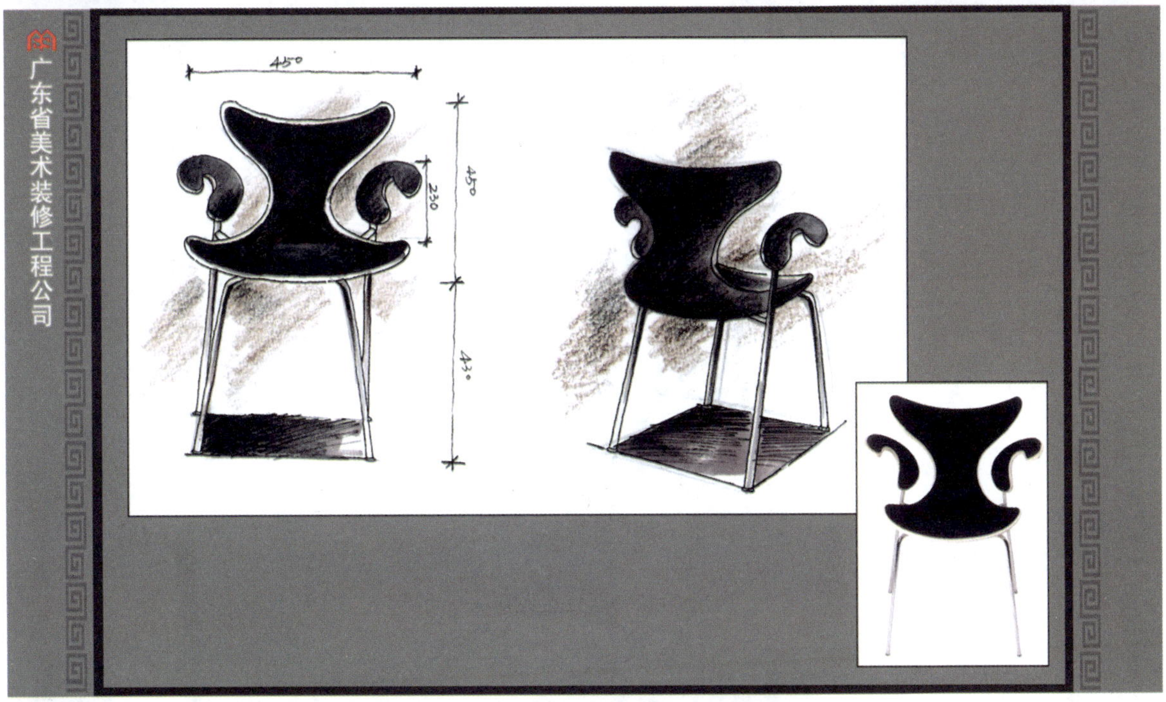

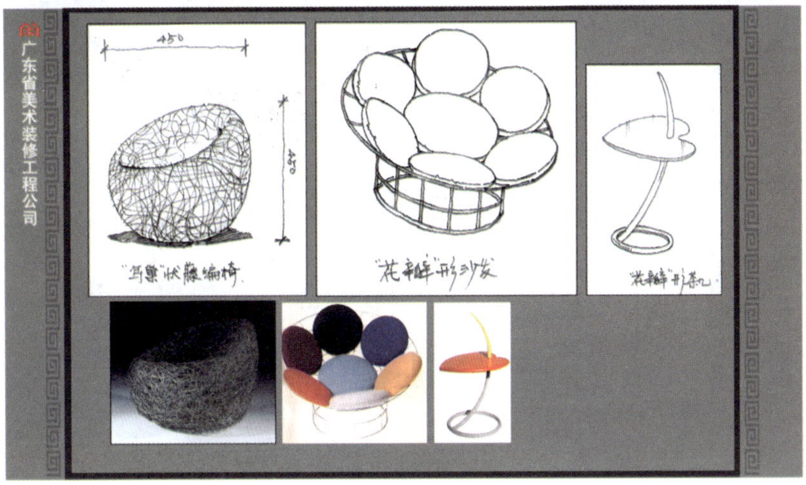

图 3-88　室内家具设计手绘表现（1）
文健　作

图 3–89　室内家具设计手绘表现 (2)　　文健　作

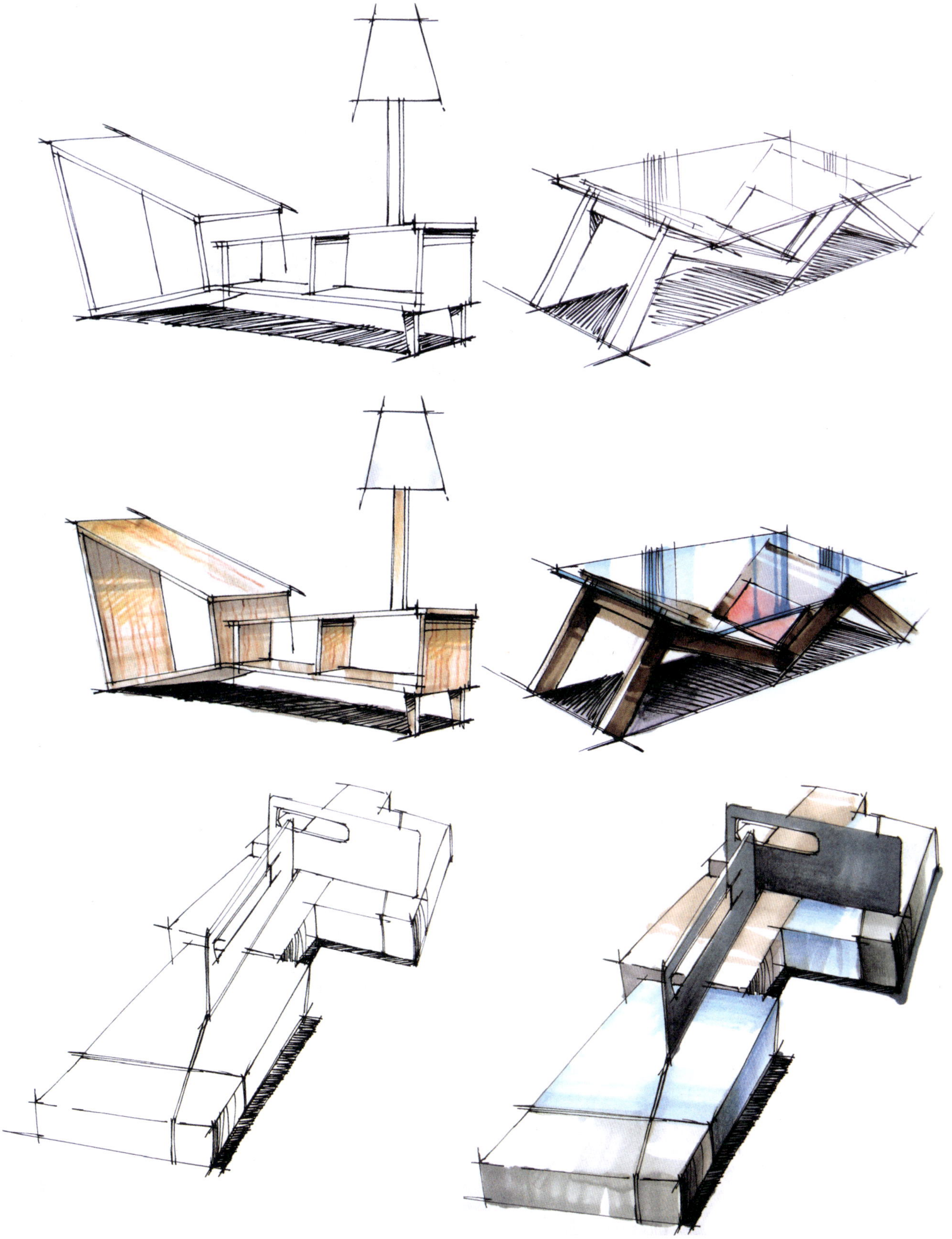

图 3–90　室内家具设计手绘表现（3）　文健　作

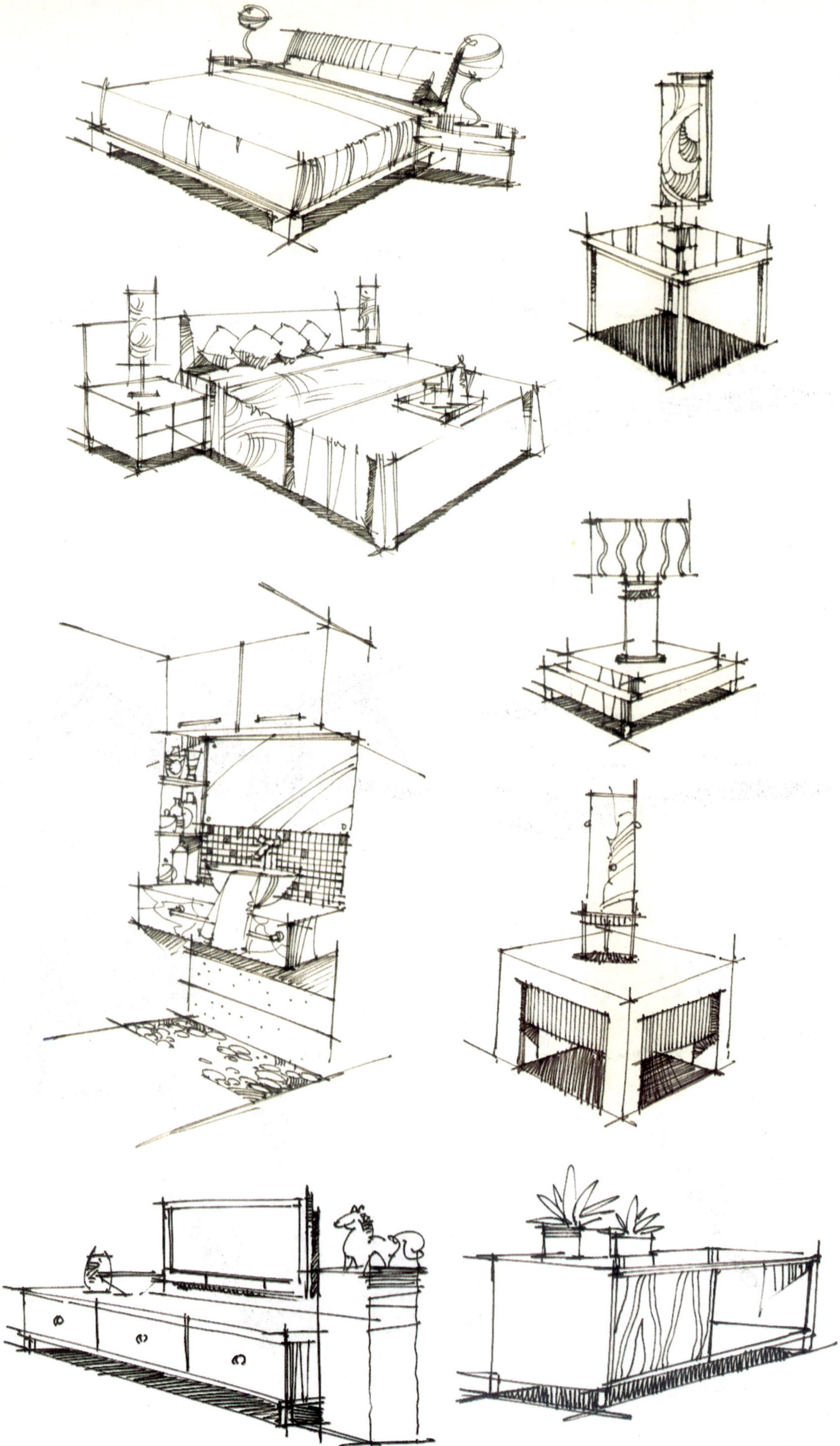

图 3–91　室内家具设计手绘表现（4）　文健　作

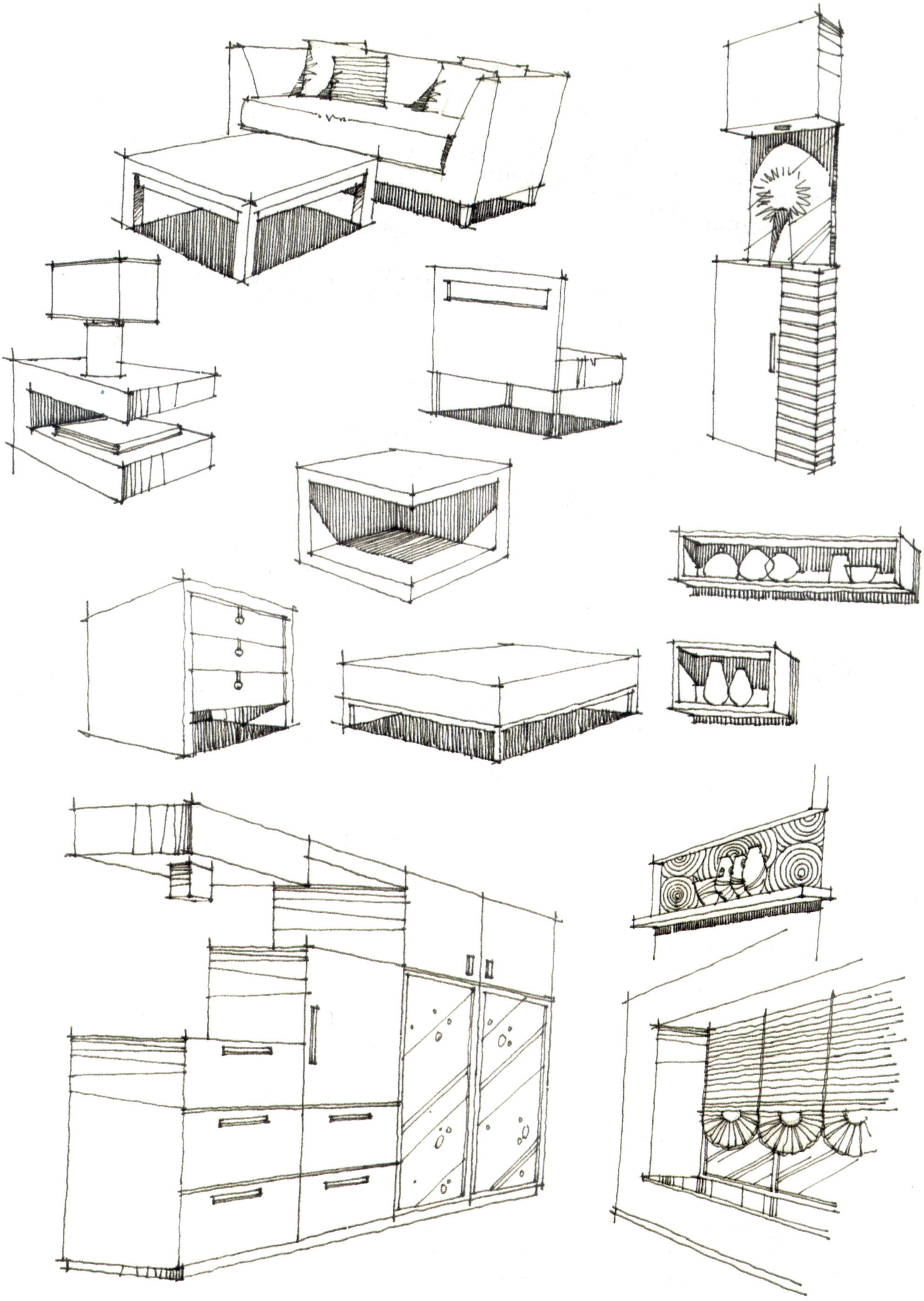

图 3-92　室内家具设计手绘表现（5）　文健　作

图 3-93　室内家具设计手绘表现（6）　文健　作

图 3-94　室内家具设计手绘表现（7）　文健　作

图 3-95 室内家具设计手绘表现 (8) 文健 作

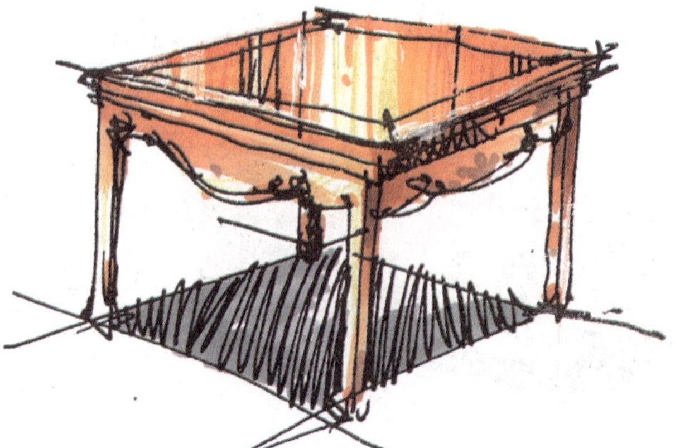

7. 室内灯具设计与表现

室内灯具图片及其设计手绘表现如图 3-96～图 3-99 所示。

图 3-96　室内灯具设计（1）

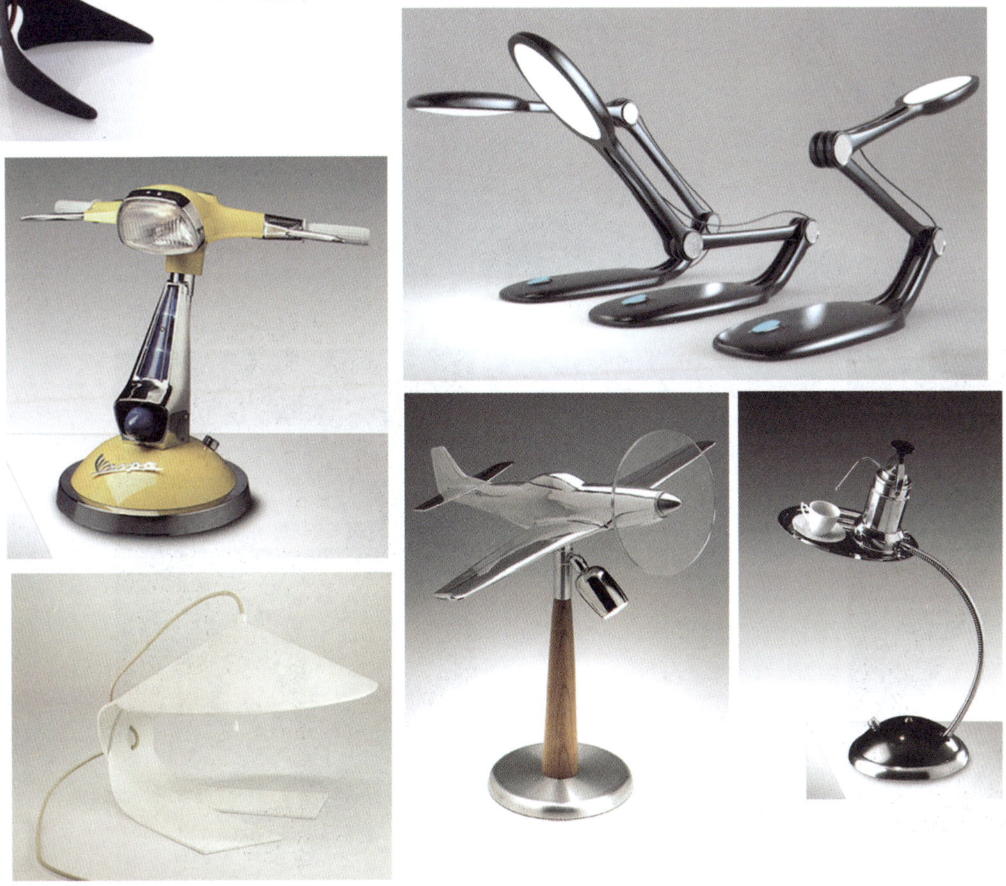

图 3–97　室内灯具设计 (2)

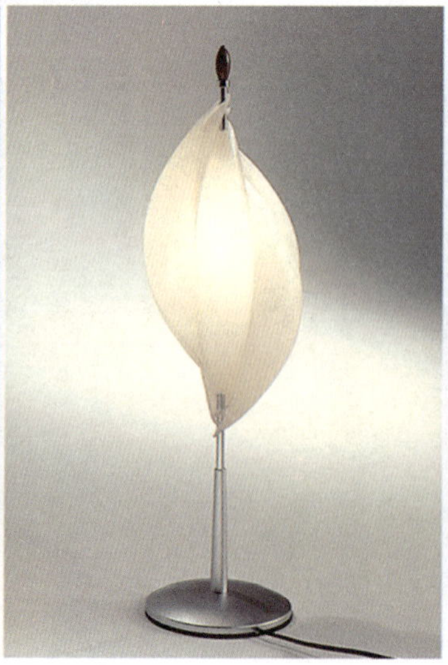

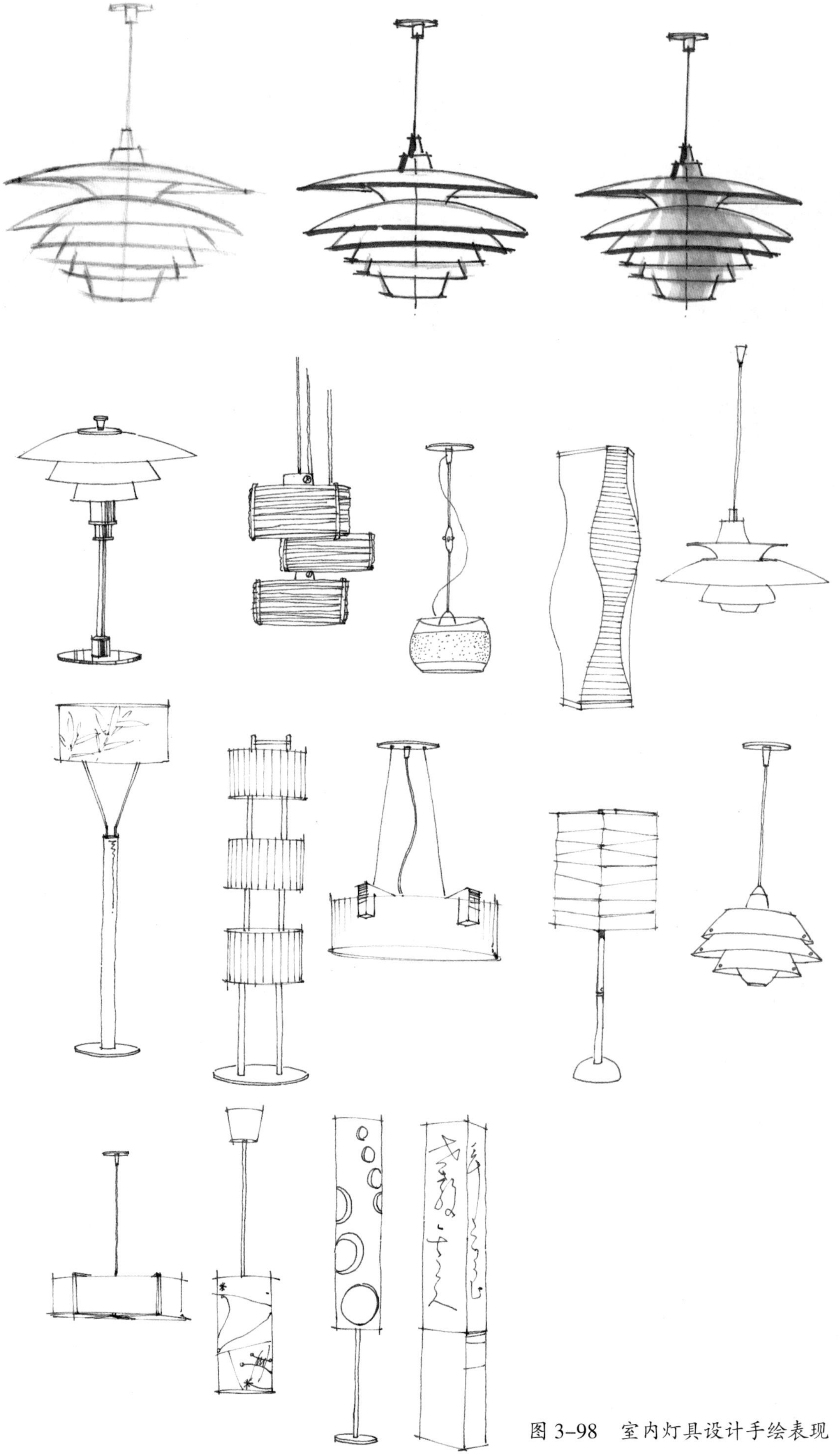

图 3-98 室内灯具设计手绘表现（1） 文健 作

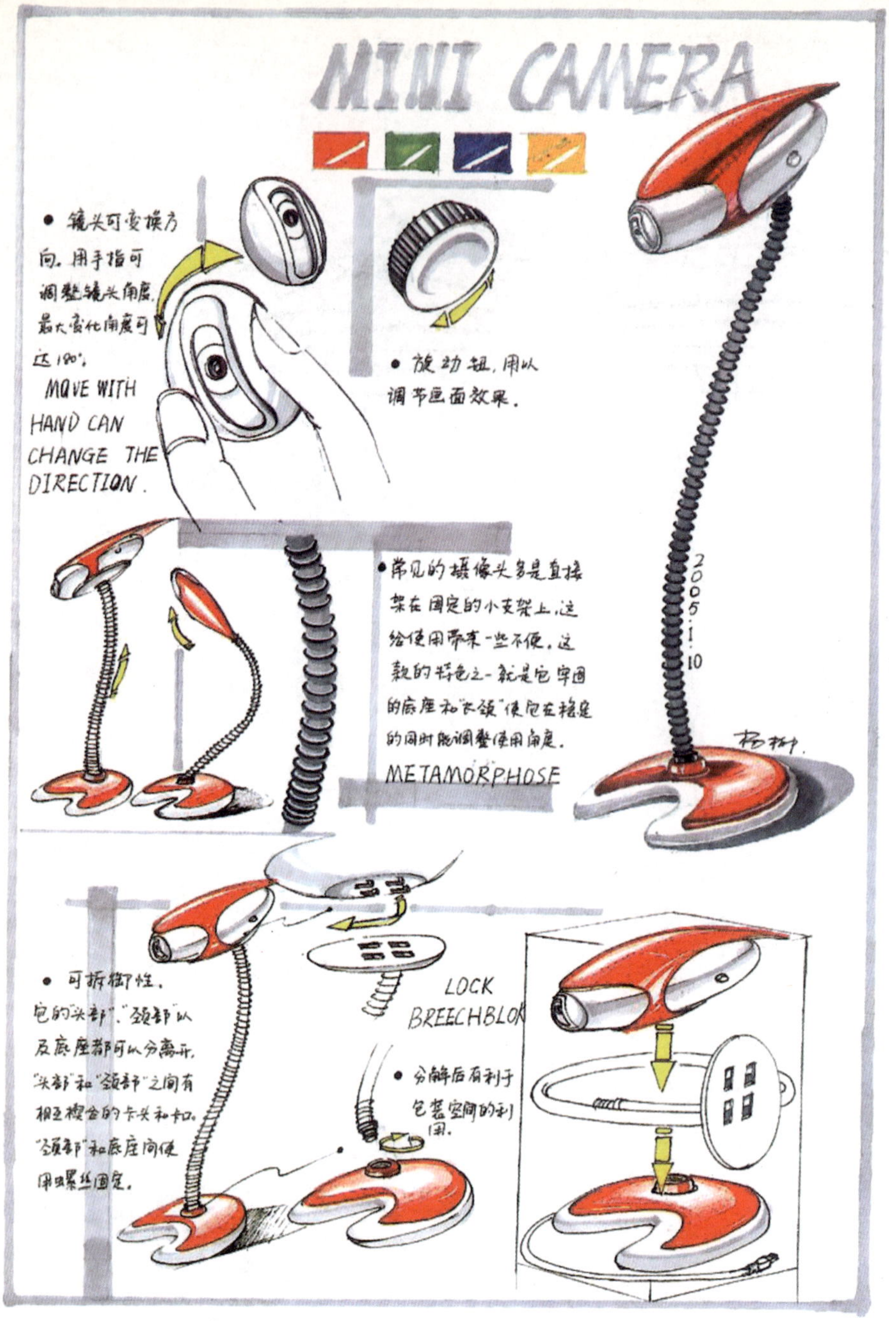

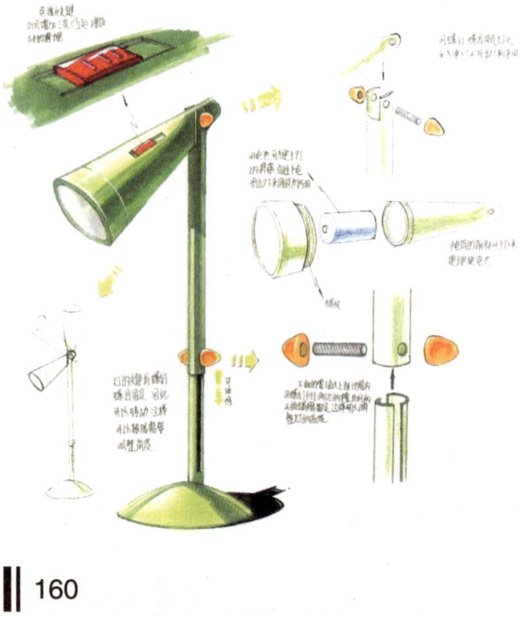

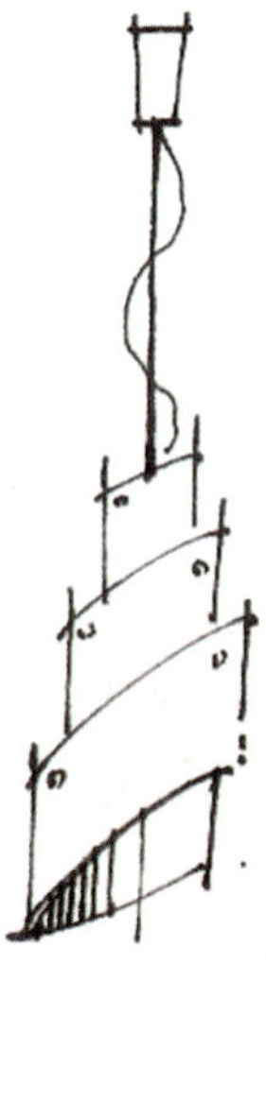

图 3-99　室内灯具设计手绘表现 (2)

8. 室内陈设品设计与表现

室内陈设品图片及其设计手绘表现如图 3-100～图 3-106 所示。

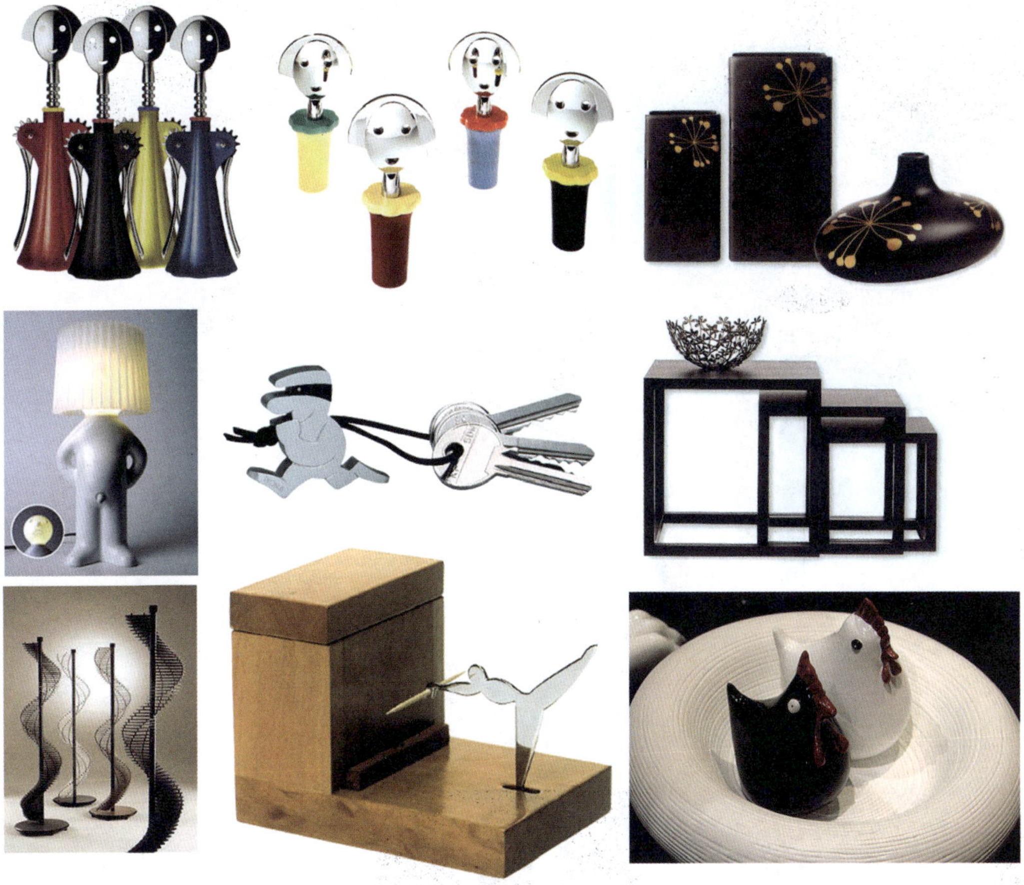

图 3-100 室内陈设品设计（1）

图 3-101　室内陈设品设计（2）

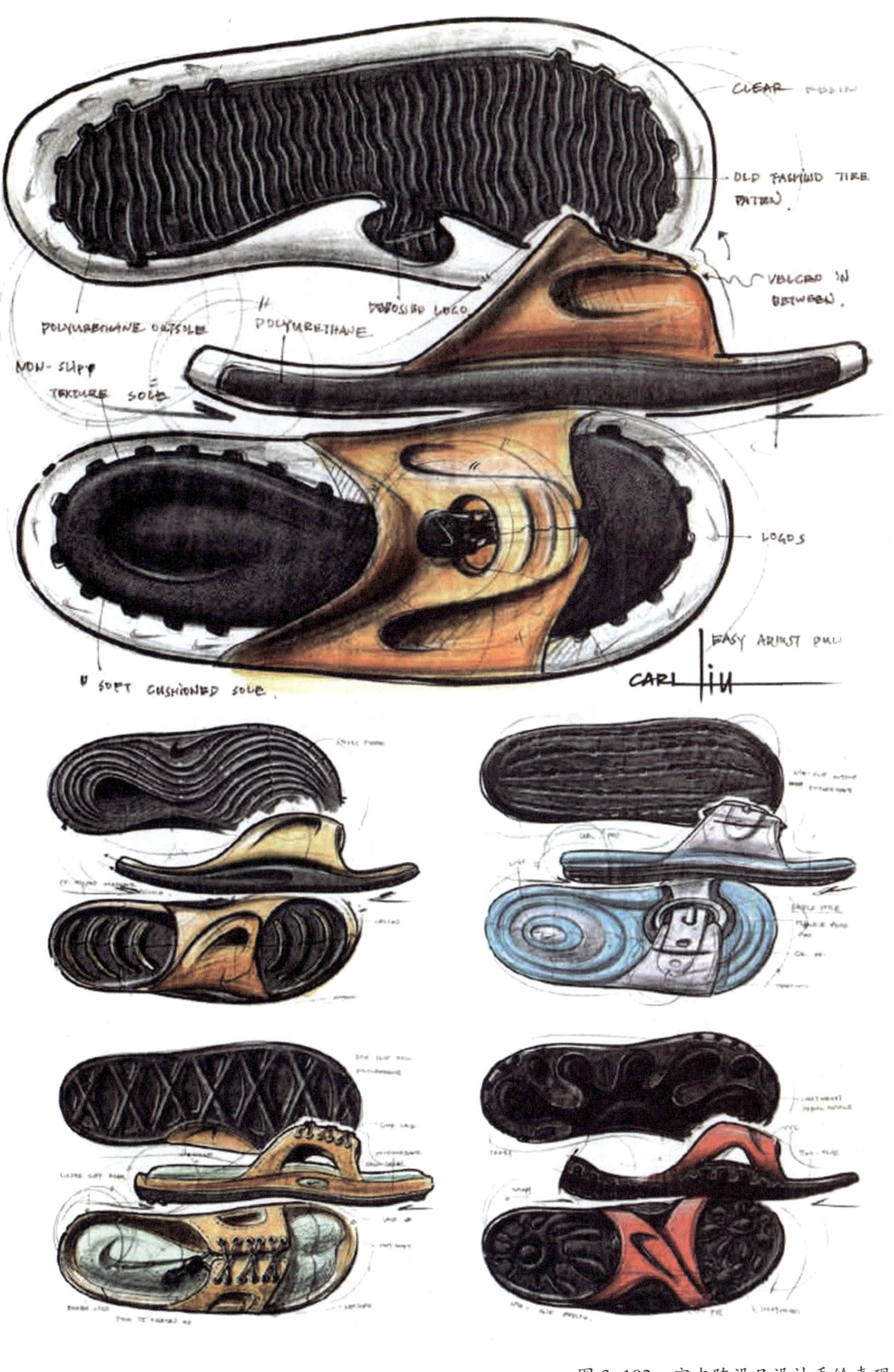

图 3-102　室内陈设品设计手绘表现（1）

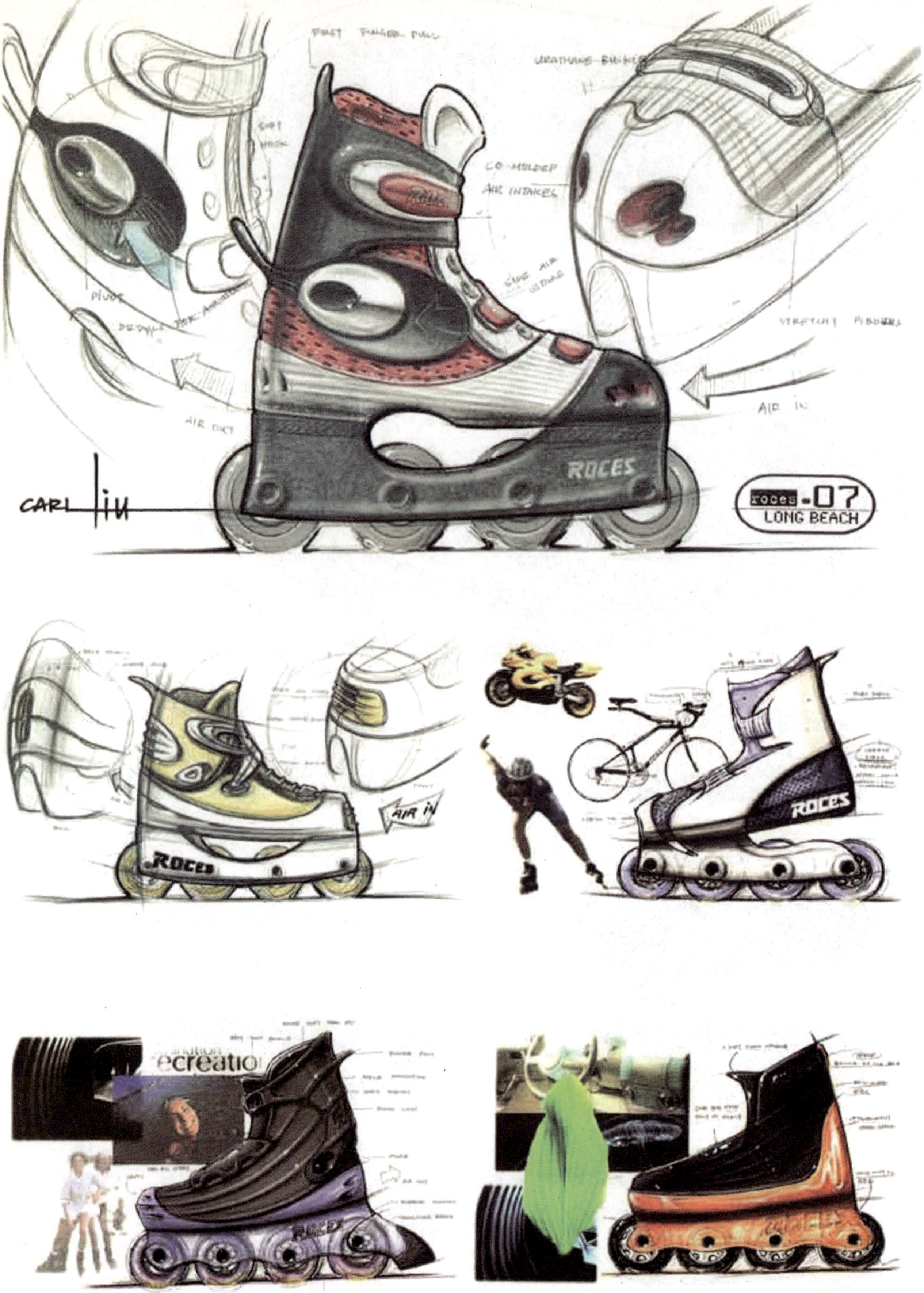

图 3-103　室内陈设品设计手绘表现（2）

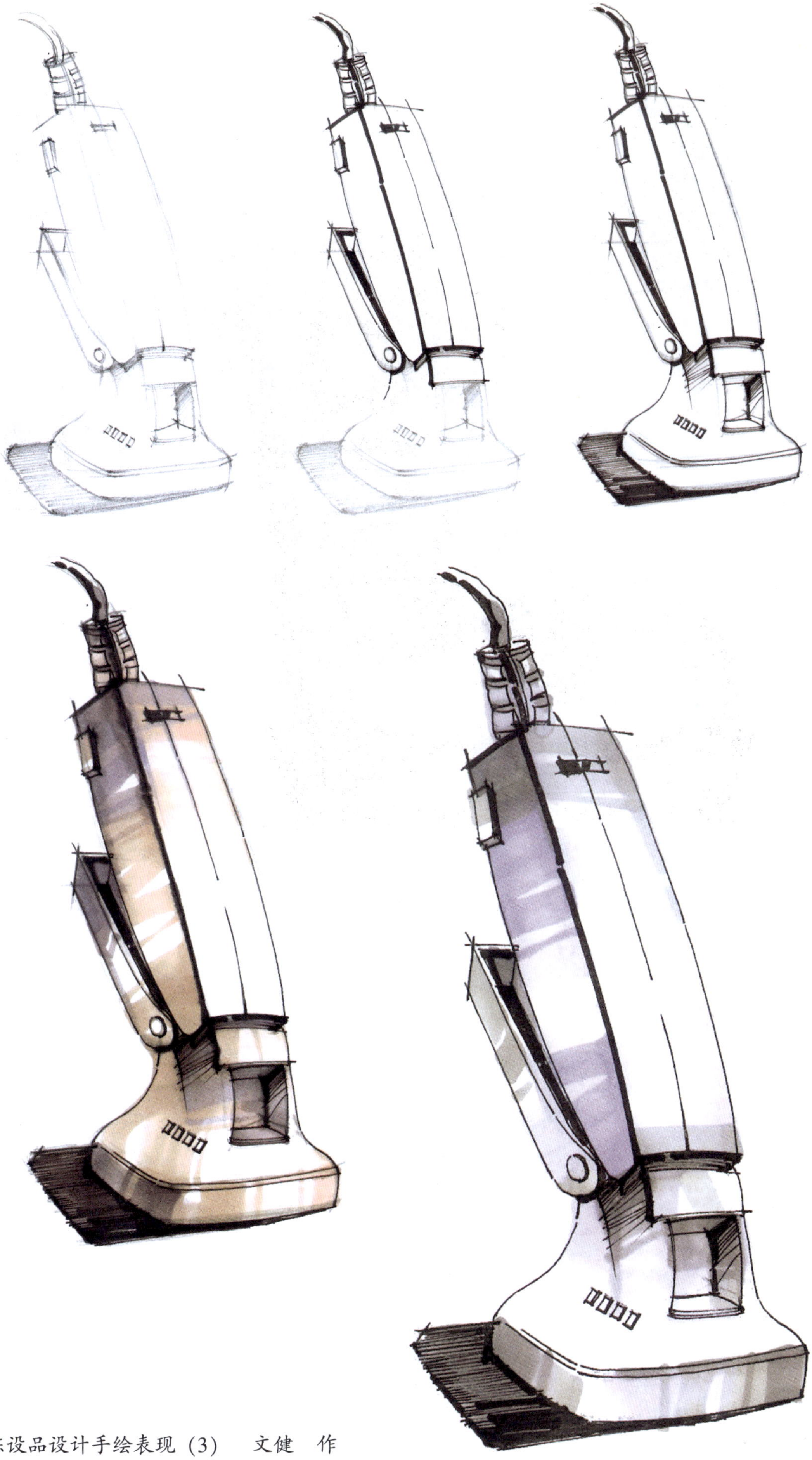

图 3-104　室内陈设品设计手绘表现（3）　文健　作

图 3-105　室内陈设品设计手绘表现（4）　文健　作

图 3-106　室内陈设品设计手绘表现（5）
文健（上图）、杨健（下图）　作

思考题

1. 绘制 5 幅汽车设计手绘表现图。
2. 绘制 5 幅军事武器手绘表现图。
3. 绘制 5 幅家具设计手绘表现图。
4. 绘制 5 幅室内陈设品设计手绘表现图。

第四章 作品展示与欣赏

第一节　学生作业点评

学生作品如图 4–1～图 4–11 所示。

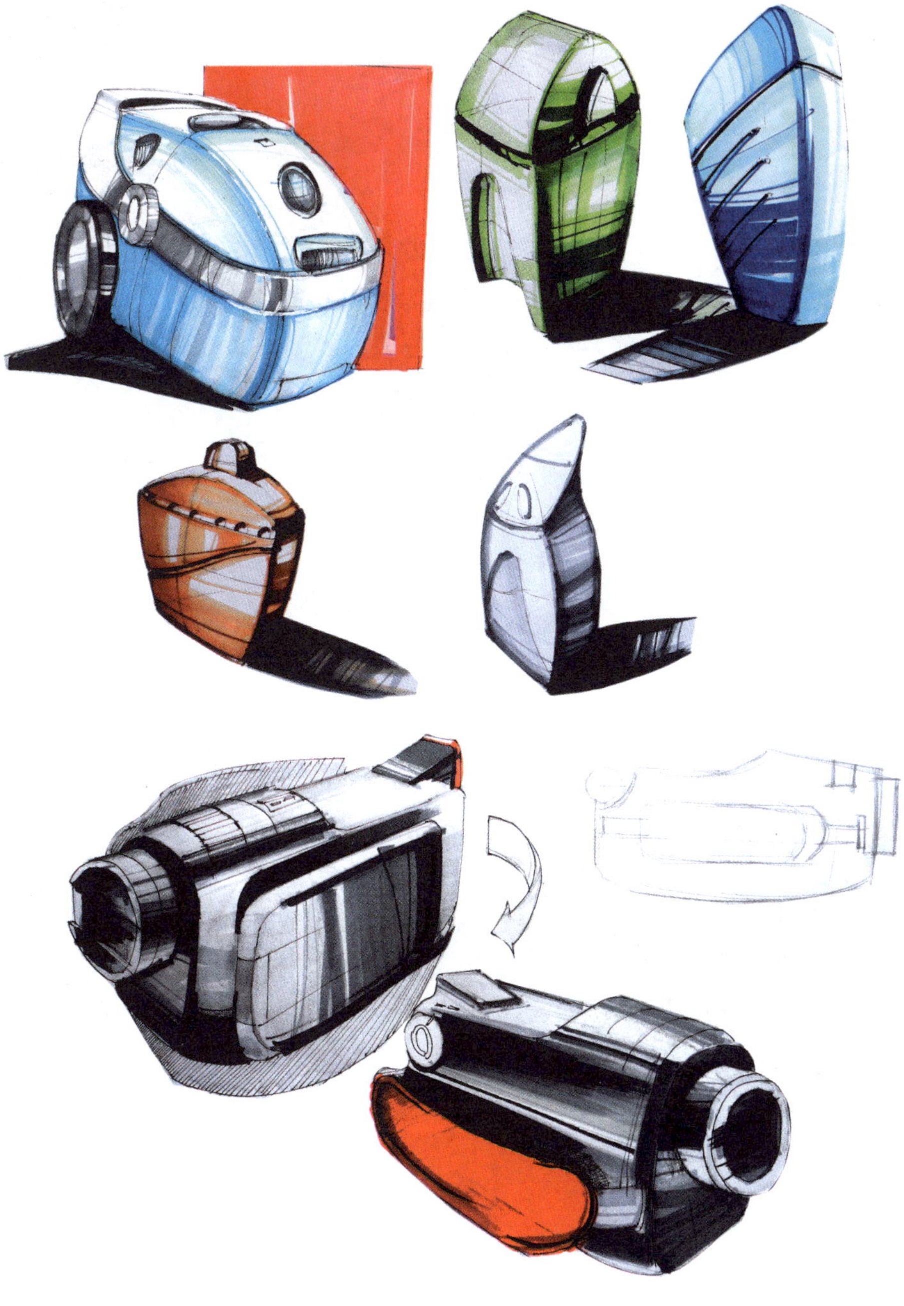

图 4–1　广州白云工商技师学院学生作品（1）　邓锦滔　作

点评：此组作品造型严谨，线条流畅、自然，光影层次丰富，立体感强。着色以马克笔为主，充分表现出了马克笔特有的笔触感和块面感，展现出简洁、明快的画面效果。

图 4-2　广州白云工商技师学院学生作品（2）　胡小勇　作

点评：此组作品细节表达细致认真，造型严谨，透视比例关系准确，色彩层次丰富，画面效果写实、耐看。

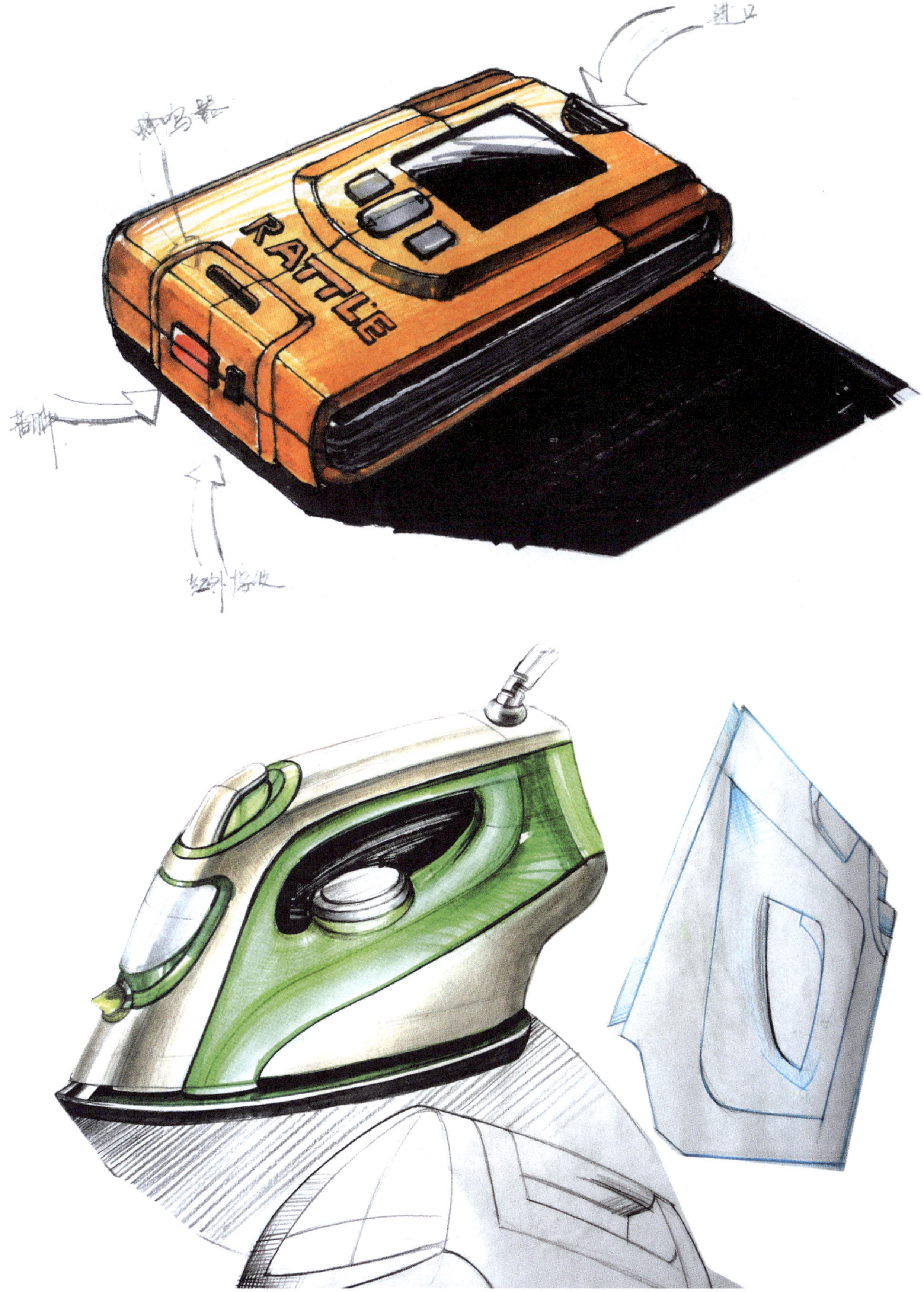

图 4–3　广州白云工商技师学院学生作品（3）　赵亮　作

点评：此组作品线条流畅、飘逸，表现力强，透视结构清晰准确，色彩表达简练且富有变化。产品造型中的黑、白、灰素描关系处理得干净明了，给人一种简洁、明快的感觉。

图 4–4　武汉工程大学学生作品（1）　指导老师：章瑾

点评：此幅作品对于汽车构造组成的描绘仔细认真，透视与比例关系准确到位。表现手法细腻、生动，耐人寻味。

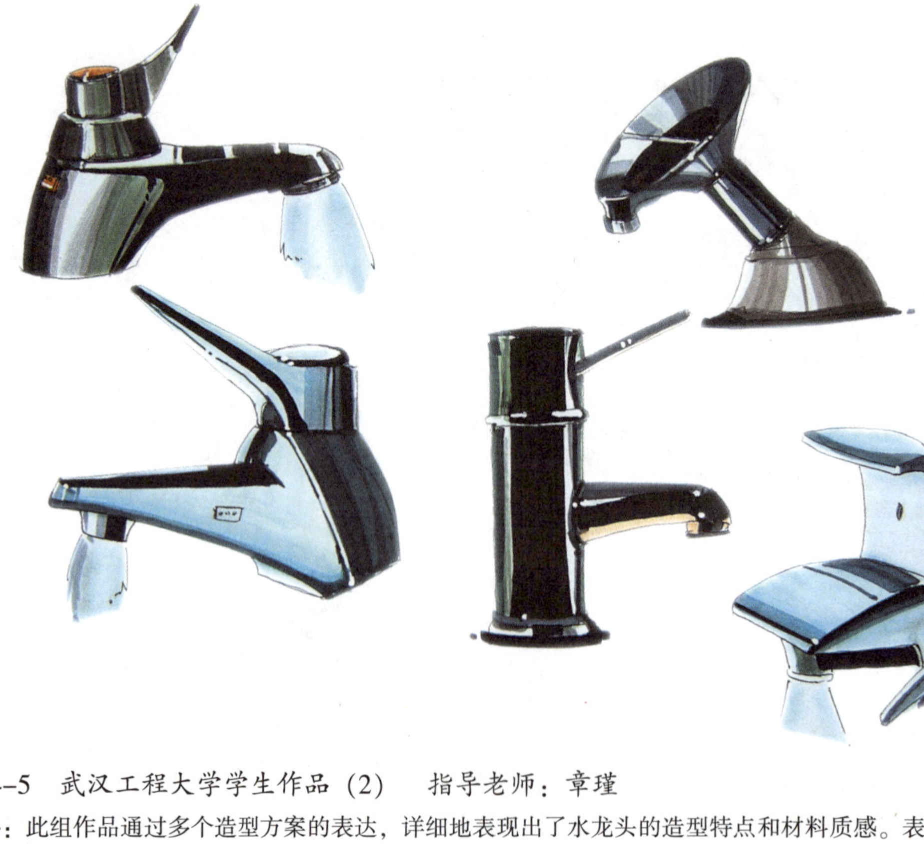

图 4–5　武汉工程大学学生作品（2）　指导老师：章瑾

点评：此组作品通过多个造型方案的表达，详细地表现出了水龙头的造型特点和材料质感。表现手法灵活生动，造型多样有趣，比例适中，层次感和立体感强。

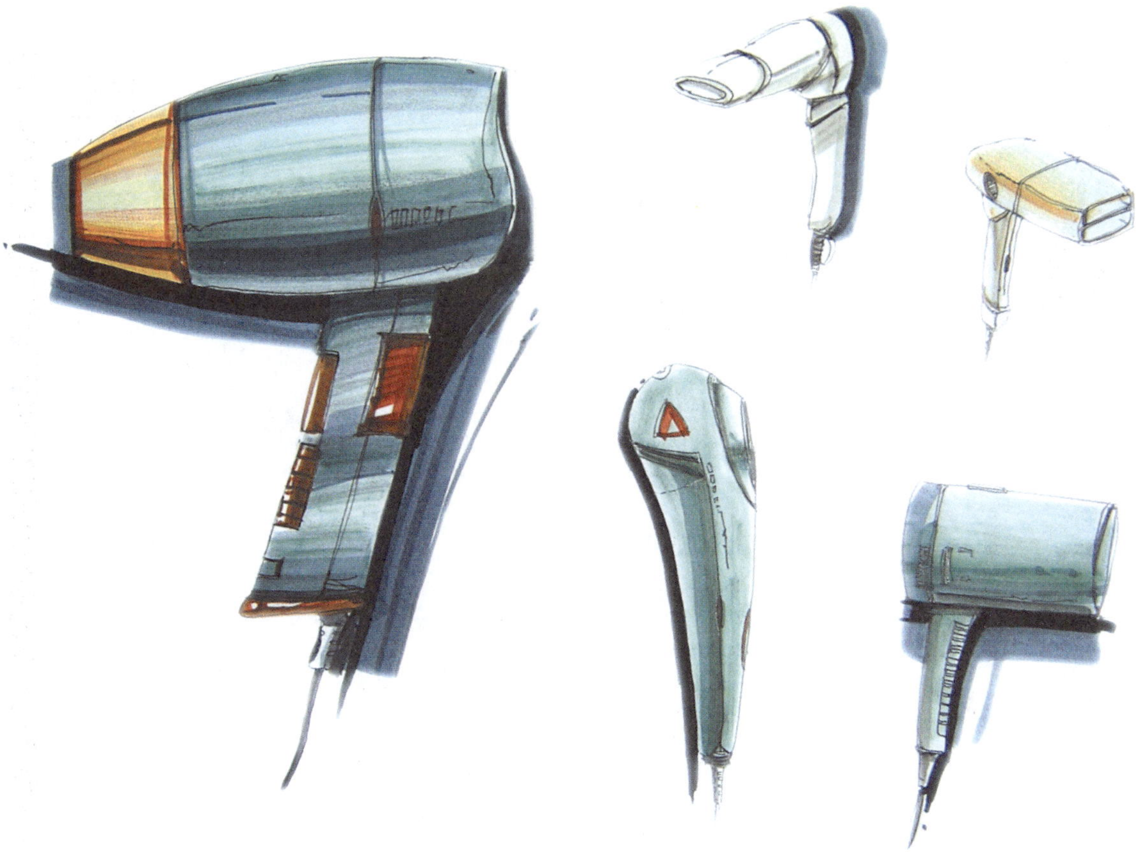

图 4-6 武汉工程大学学生作品（3） 指导老师：章瑾

点评：此组作品造型严谨，比例协调，设计表达主次有序。多个设计造型能准确地分层次刻画表现，设计层次感强。色彩搭配充分注意了黄色和蓝色的冷暖搭配。

图 4-7 武汉工程大学学生作品（4） 指导老师：章瑾

点评：此幅作品充分利用了卡纸底色的色彩渲染突出画面的色彩感。摩托车造型的明暗关系表达简练、精致、准确、到位。

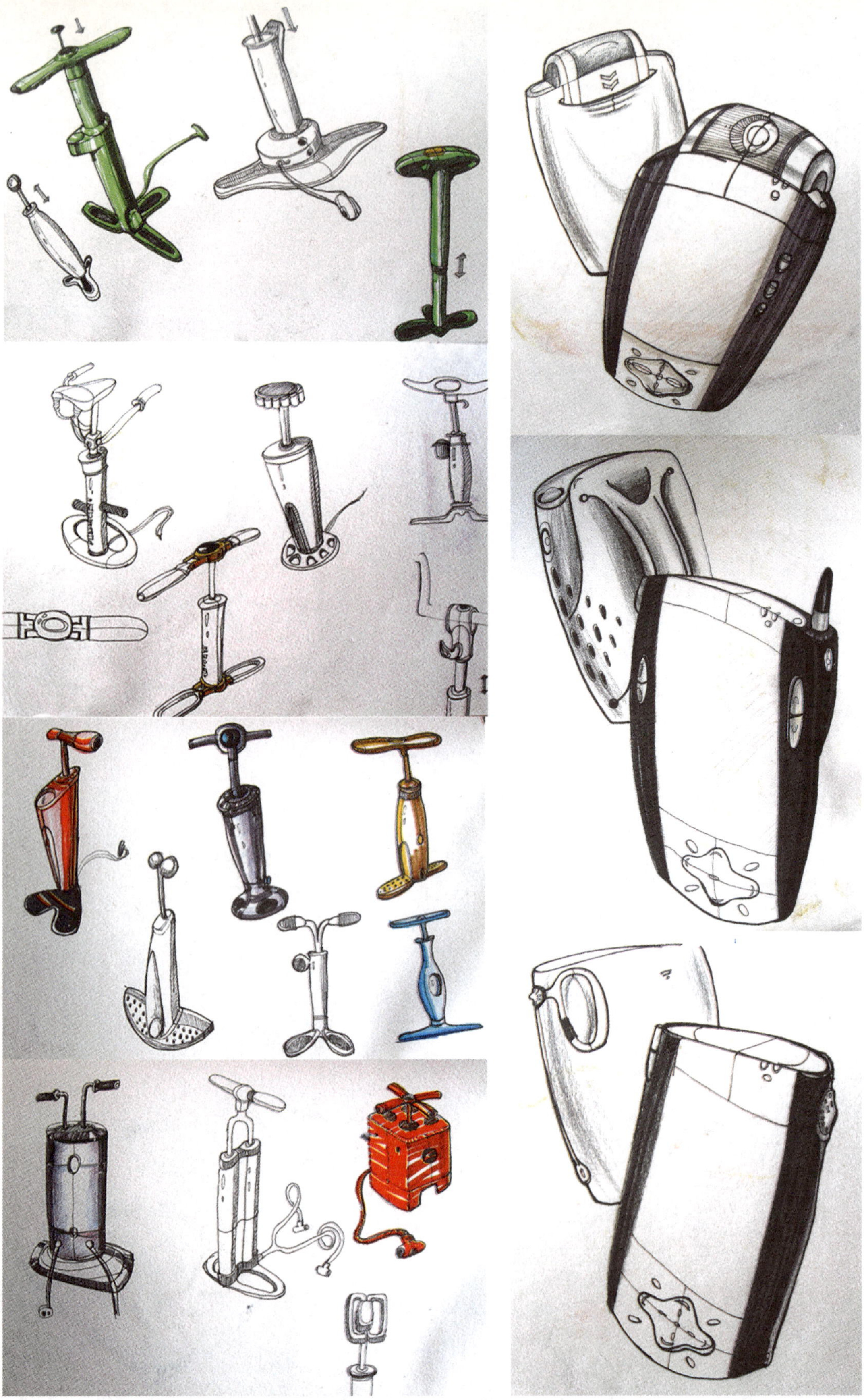

图 4-8　武汉工程大学学生作品（5）　占丽萍　作　指导老师：章瑾

点评：此组作品简洁生动，表达准确，设计造型丰富多样，善于从多角度、多方向去分析和思考设计的内容，充分把手绘效果图的表现融入了产品设计之中。

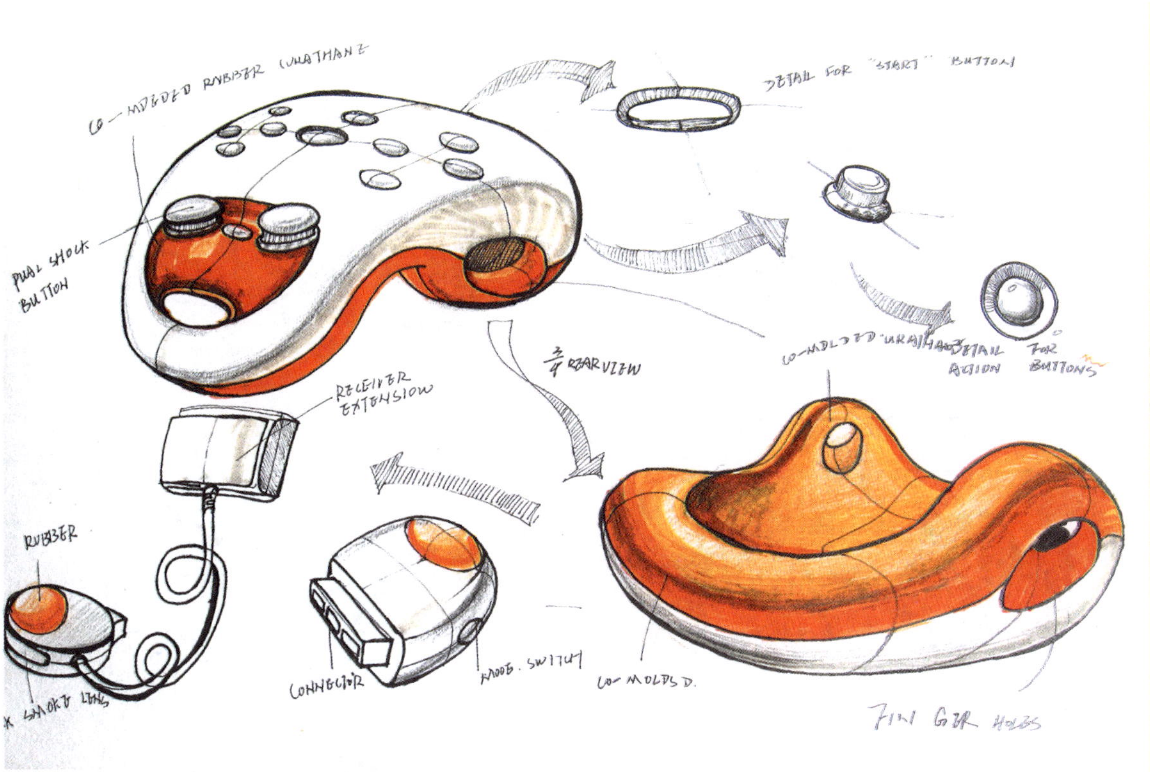

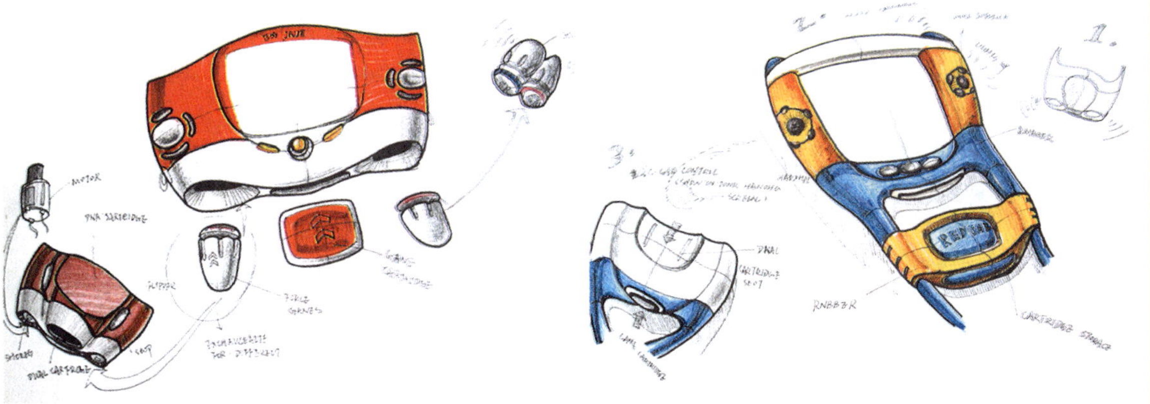

临摹

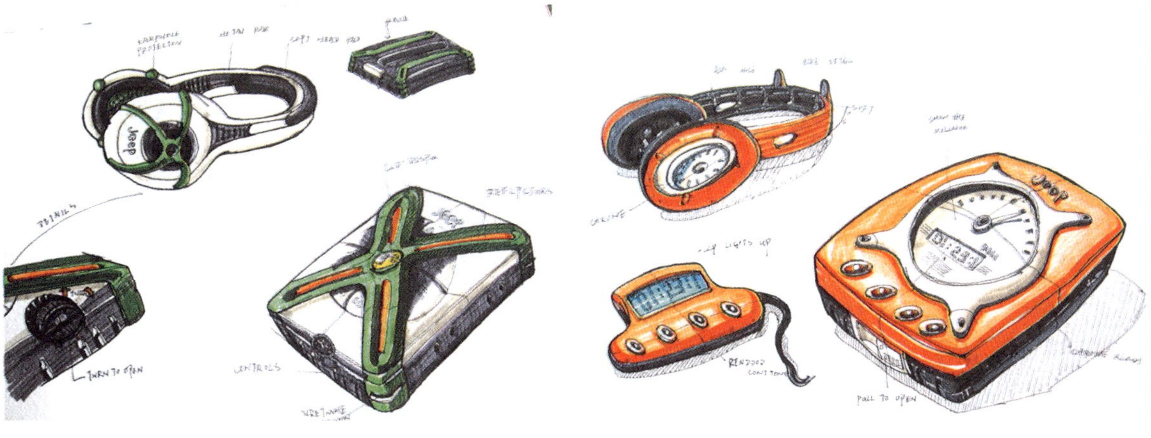

图 4-9　武汉工程大学学生作品（6）　占丽萍　作　指导老师：章瑾

点评：此组作品设计新颖，表现手法简洁、大气，色彩明快、活泼，从多个角度和细节去分析和思考设计的内涵，充分把手绘的表现融入了产品的设计构思之中。

图 4-10　武汉工程大学学生作品（7）朱小敏　作　指导老师：章瑾

点评：此组作品设计构思巧妙，表现手法简练，生动，造型严谨，透视与比例关系准确，画面整体构图和布局完整、合理，从多个角度和细节去分析和思考设计的内涵，充分把手绘的表现融入了产品的设计构思之中。

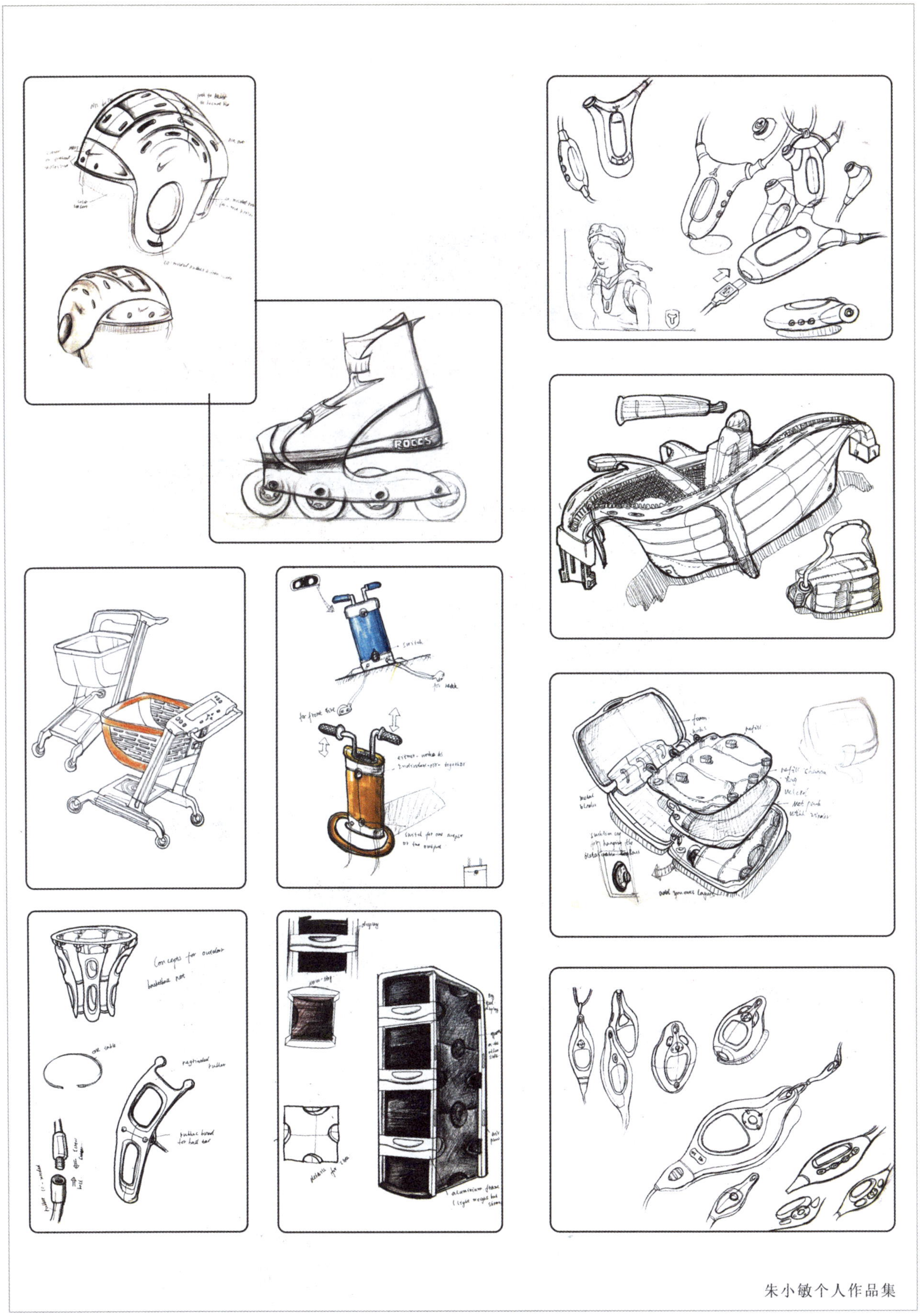

图 4-11　武汉工程大学学生作品（8）　朱小敏　作　指导老师：章瑾

点评：此组作品表现形式丰富多样，造型功底扎实，设计思维活跃，能从设计的角度去把握手绘方案，色彩运用少而精，线条表现深浅有度。

第二节　国内外优秀产品设计手绘作品欣赏

国内外优秀产品设计手绘作品如图 4-12～图 4-29 所示。

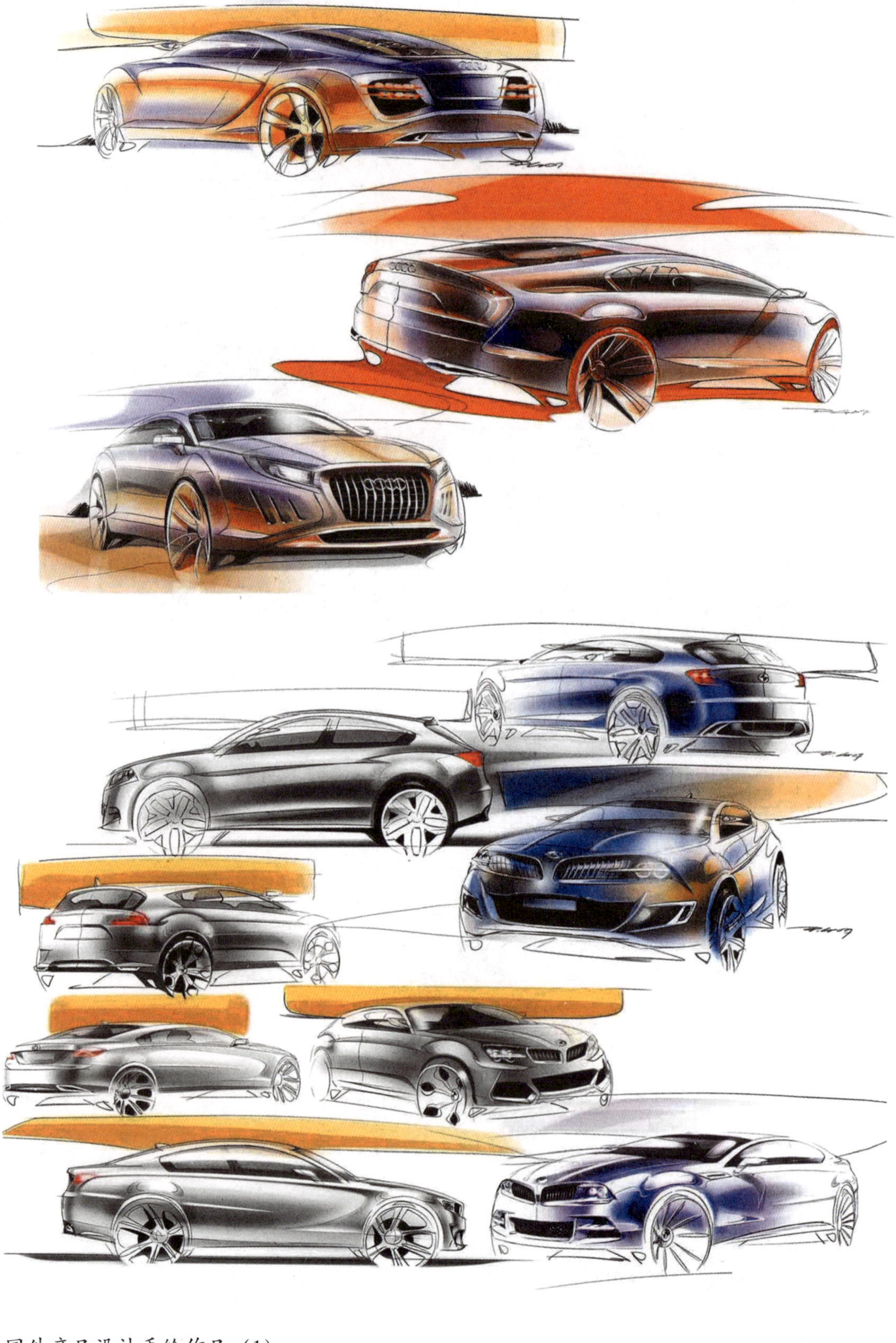

图 4-12　国外产品设计手绘作品（1）

图 4-13　国外产品设计手绘作品（2）

图 4–14　国外产品设计手绘作品（3）

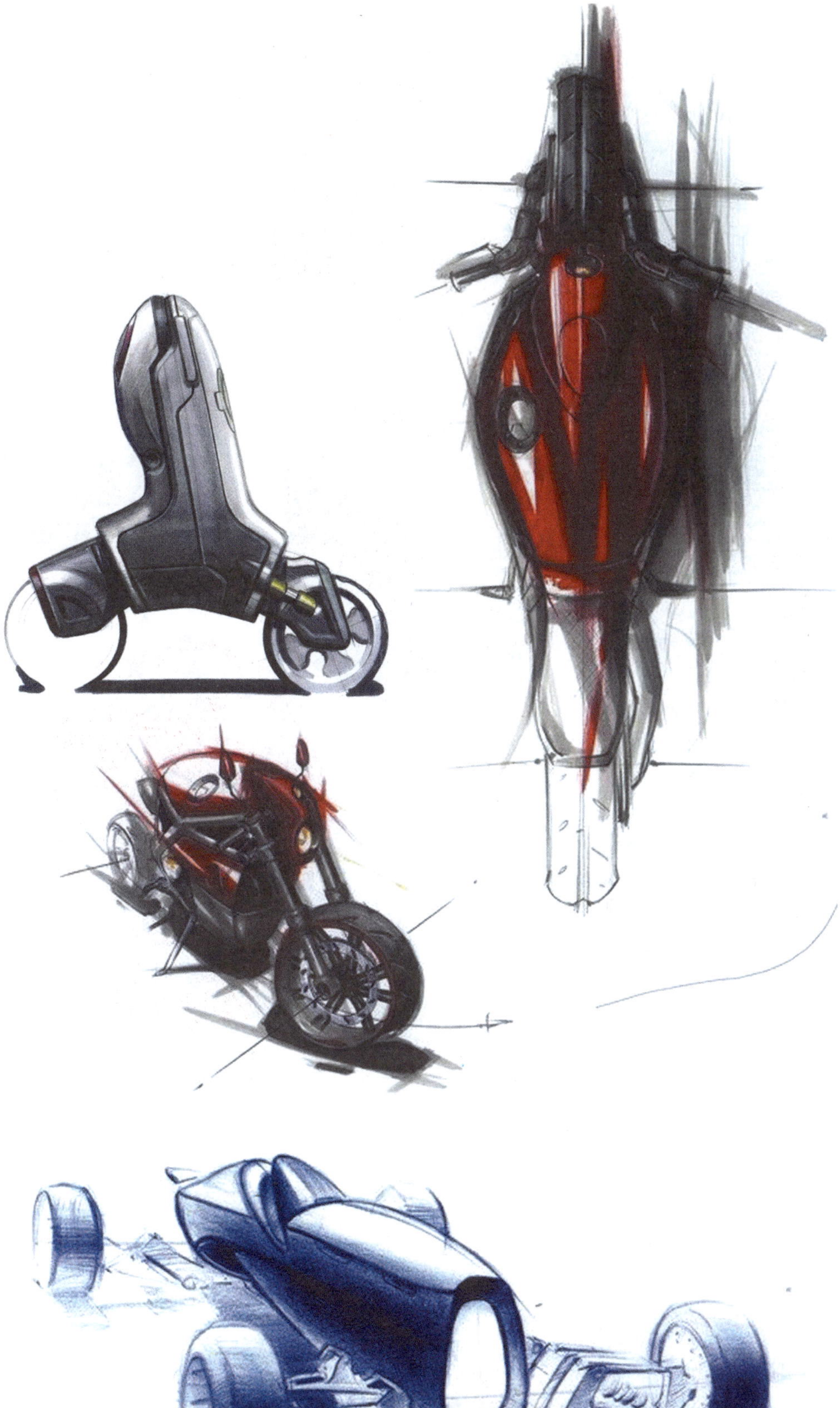

图 4-15　国外产品设计手绘作品（4）

图 4–16　国外产品设计手绘作品（5）

图 4-17　国外产品设计手绘作品（6）

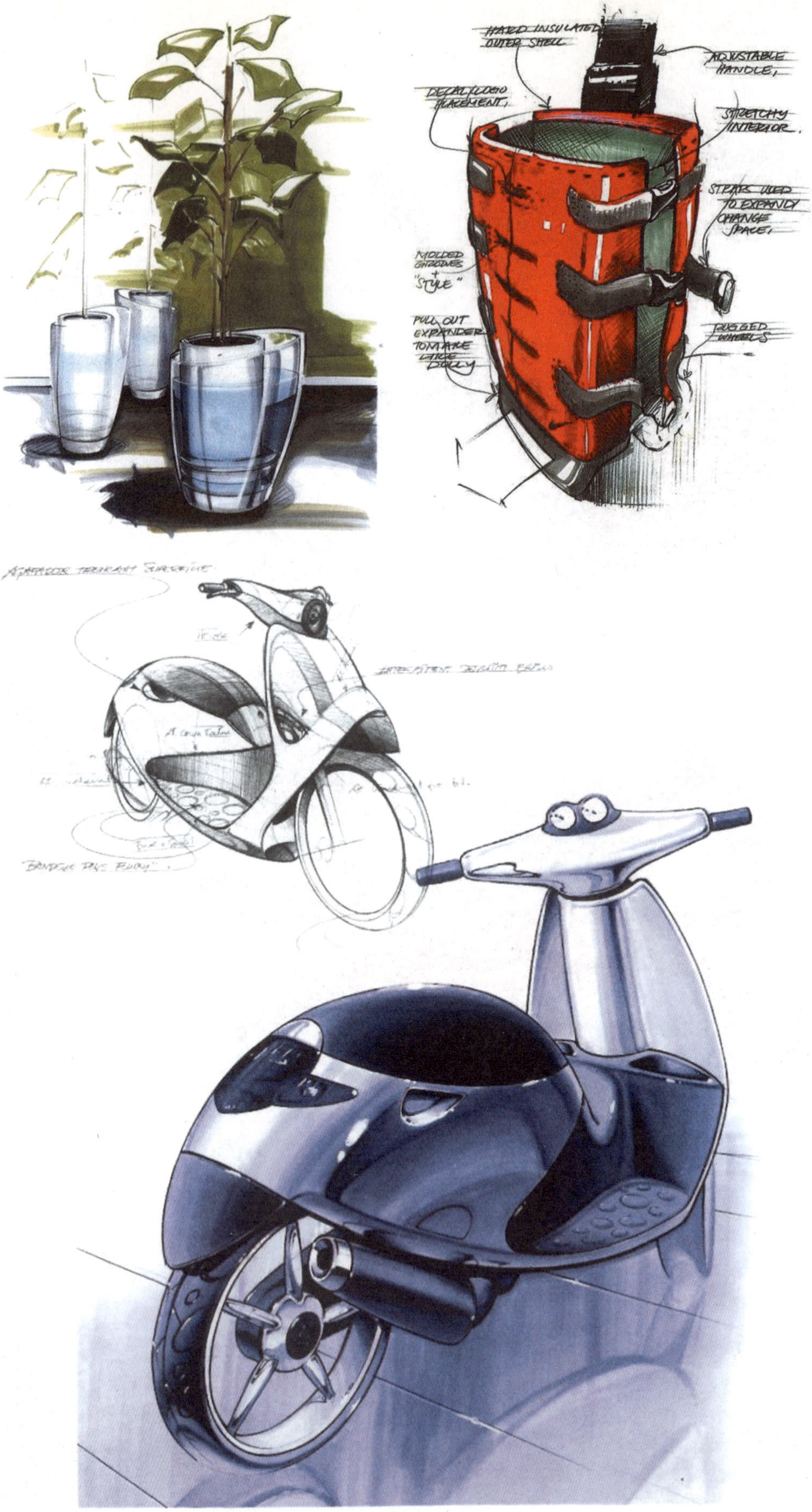

图 4-18　国外产品设计手绘作品（7）

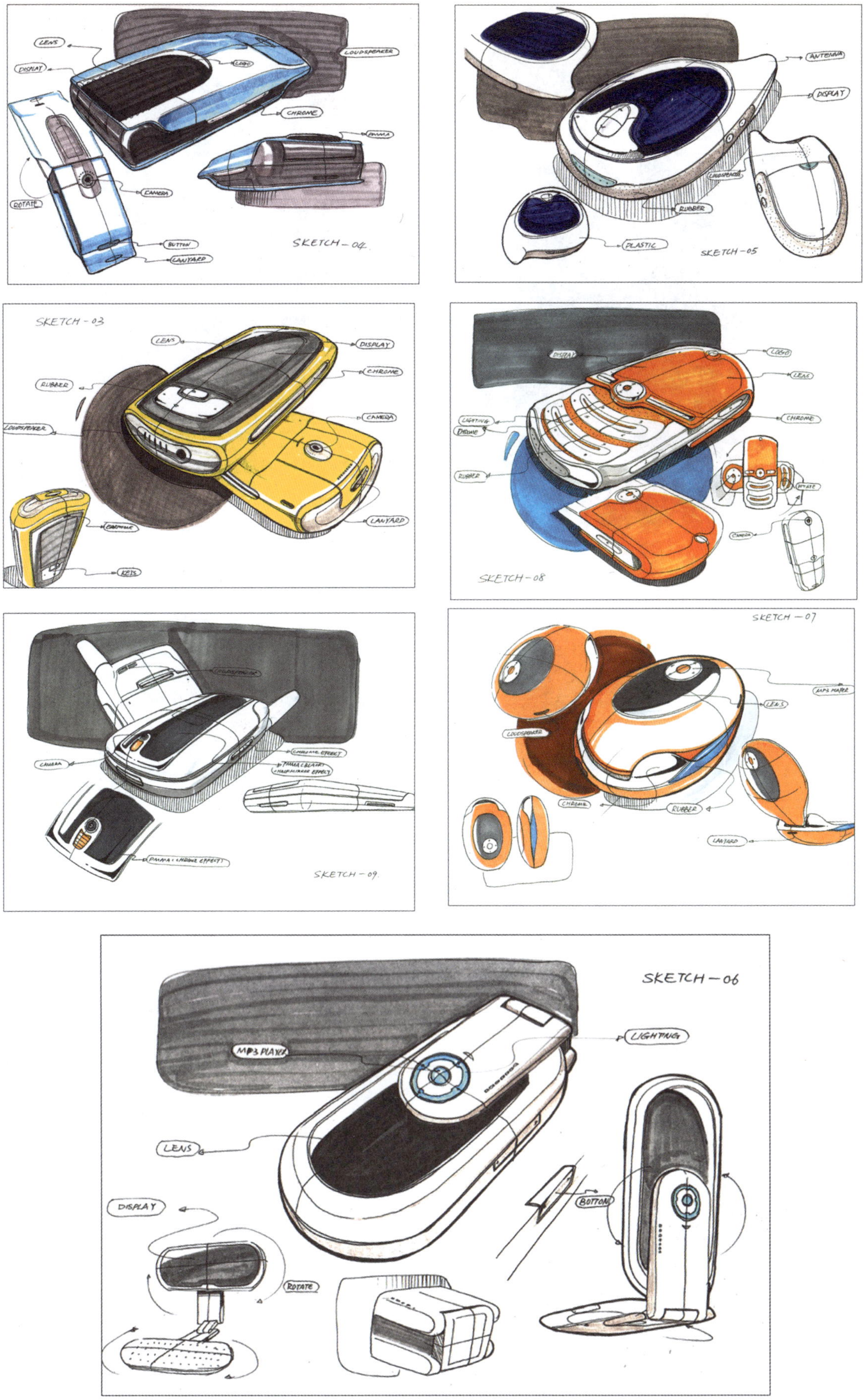

图 4-19　国外产品设计手绘作品（8）

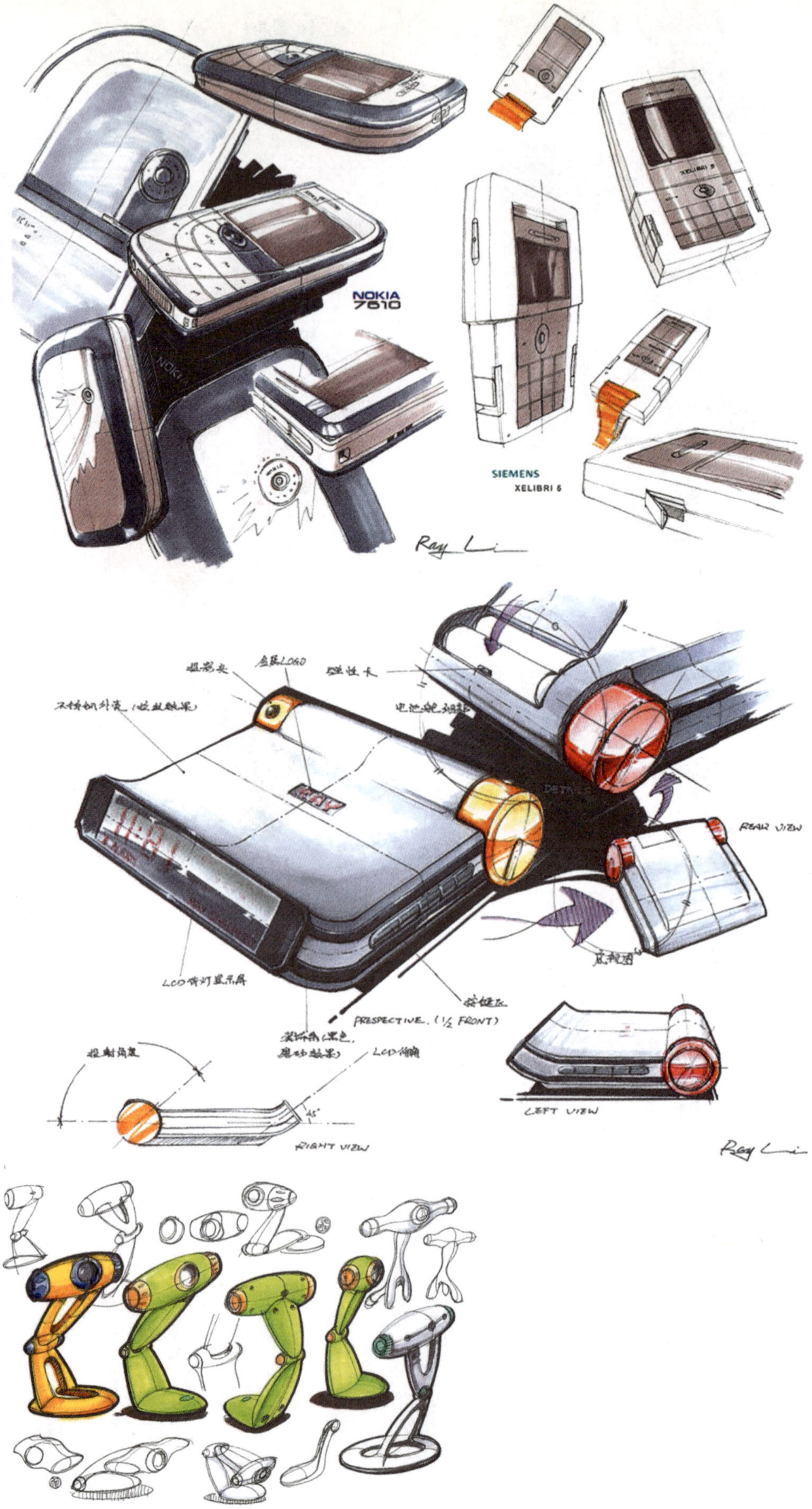

图 4–20　国外产品设计手绘作品（9）

图 4–21　国外产品设计手绘作品（10）

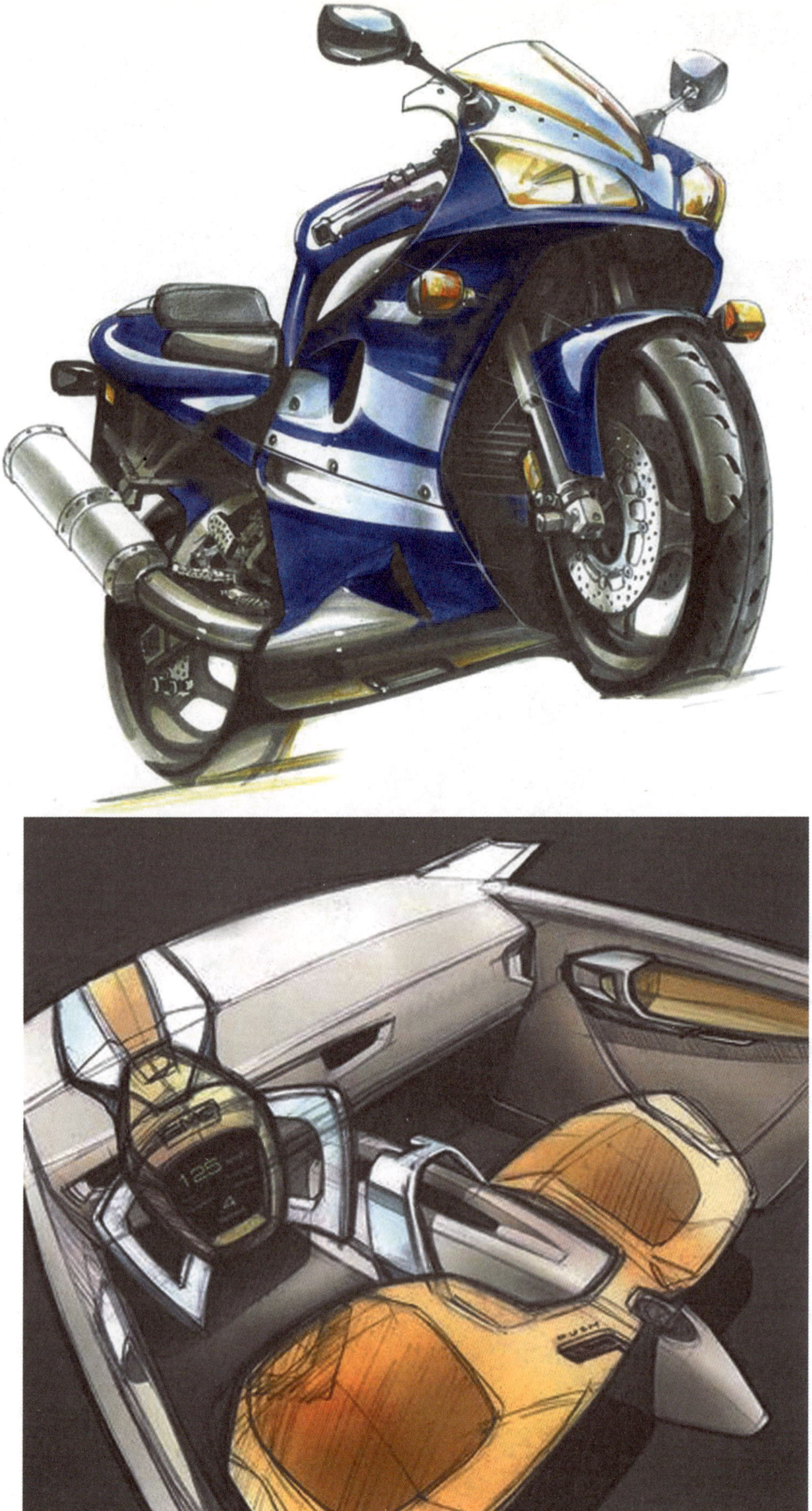

图 4–22　国外产品设计手绘作品（11）

图 4–23　国外产品设计手绘作品（12）

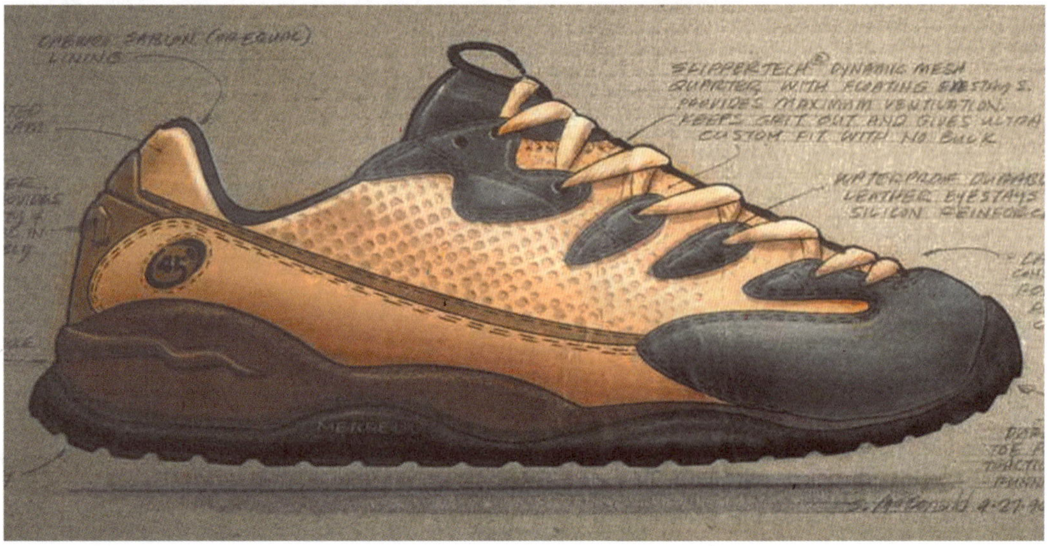

图 4–24　国外产品设计手绘作品（13）

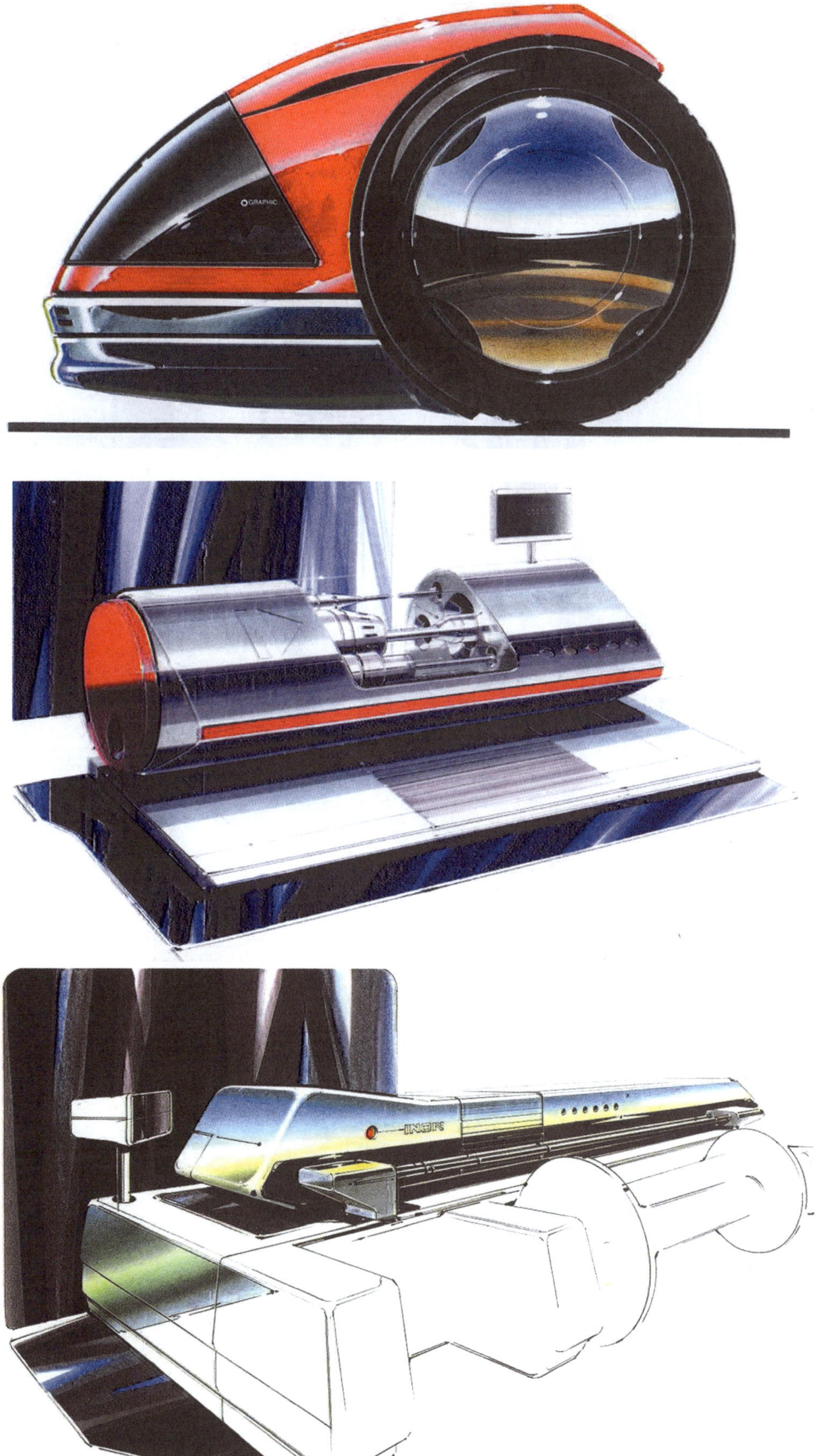

图 4-25　产品设计手绘（1）　清水吉治（日）　作

图 4-26 产品设计手绘（2） 清水吉治（日） 作

图 4-27　国内产品设计手绘作品　裴爱群　作

图 4-28　庐山特训产品设计手绘作品

图 4–29　黄山手绘特训营产品设计手绘作品

参考文献

[1] 陆守国. 今日手绘：陆守国. 天津：天津大学出版社，2008.
[2] 辛冬根. 今日手绘：辛冬根. 天津：天津大学出版社，2008.
[3] 岑志强. 今日手绘：岑志强. 天津：天津大学出版社，2008.
[4] 夏克梁. 今日手绘：夏克梁. 天津：天津大学出版社，2008.
[5] 赵国斌. 室内设计手绘效果图表现技法. 福州：福建美术出版社，2006.
[6] 俞雄伟. 室内效果图表现技法. 杭州：中国美术学院出版社，1995.
[7] 吴晨荣，周东梅. 手绘效果图表现技法. 上海：东华大学出版社，2006.
[8] 李强. 手绘表现. 天津：天津大学出版社，2005.
[9] 李强. 手绘设计表现. 天津：天津大学出版社，2004.
[10] 刘远智. 刘远智建筑速写. 北京：中国建筑工业出版社，1995.
[11] 马国强. 人物速写. 郑州：河南美术出版社，2001.
[12] 唐鼎华. 设计素描. 上海：上海人民美术出版社，2004.
[13] 张英超. 于小冬讲速写. 福州：福建美术出版社，2007.
[14] 冯峰. 设计素描. 广州：岭南美术出版社，2000.
[15] 林家阳. 设计素描. 北京：中国出版集团东方出版中心，2007.
[16] 章又新. 中国建筑画：清华大学专辑. 北京：中国建筑工业出版社，1996.
[17] 章又新. 中国建筑画：天津大学专辑. 北京：中国建筑工业出版社，1996.
[18] 齐康. 齐康建筑画选. 北京：中国建筑工业出版社，1994.
[19] 杨力行. 钢笔画技法. 武汉：湖北美术出版社，2002.
[20] 严跃. 钢笔园林画技法. 北京：中国青年出版社，2001.
[21] 林晃，八木泽梨穗. 最新卡通漫画技法. 北京：中国青年出版社，2004.
[22] 吴继新，舒湘鄂. 产品手绘. 南京：东南大学出版社，2010.
[23] 李娟. 工业设计快题与表现. 北京：中国建筑工业出版社，2005.
[24] 胡雨霞，梁朝昆. 再现设计构想：手绘草图/效果图. 北京：北京理工大学出版社，2006.
[25] 裴爱群，梁军. 产品设计实用手绘教程. 大连：大连理工大学出版社，2010.
[26] 米拉. 欧洲设计大师之创意草图. 温为才，译. 北京：北京理工大学出版社，2009.